珠宝传奇
LEGEND OF JEWELS
I

浮华与金戈

VANITY & CAVALRY

中世纪（上）

祺 IV | 著

中国青年出版社

前 言

美是不需要讲解就能被感知的，财富也是一样。

珠宝就是这两样世间最直白又最强大的力量所雕琢出的产物，光芒所能到达之处，没有人能抗拒它们的闪耀。

即使是原始人，也仍不忘在狩猎之余蹲在山洞里费力打磨几块美丽的石头。当人们发明出更多的方法琢磨那些石头与金属后，他们在任何时候都想尽办法让这些珠宝出席，以光芒见证对永恒的渴望。

孩子降生的礼物，男女结合的信物，我们希望爱能永恒，
君王的权势，臣子的忠诚，我们希望权力与荣耀能永恒，
就像勃艮第公爵的黄钻，就像安妮的王冠，
像骑士团的徽章，像汤玛索的项链，
可即使许以如此昂贵而又美丽的见证，
我们所追逐之物仍然会随生命的消失而无存，
——这已是最好的情况。
更多时候，它们比生命更短暂，爱、荣耀、权力，都是如此。

珠宝的美写满欲望，淋满鲜血，见证荣耀又嘲弄失败，
它的美总比我们的生命略长一些，
但比起永恒，它们其实还差得远。

唯有人类的欲望从不消亡，
一代又一代的人，
被这欲望驱使去争斗、去追逐，
有人沉迷、有人挣扎。

哪怕享尽荣华的帝王在离世后也仍要想方设法与这生不带来死不带去的光华同在，中国帝王口含珠玉已是一种简朴的表达，九窍都要用珠玉封堵方才算一种圆满；埃及的法老们也有相似的领悟，所以要用黄金覆盖全身，这些曾经手握至高权力的人相信珠宝的光芒能令他们的权力与灵魂永恒，但最终只是宝光映照枯骨，华梦一场。

欲望是永恒的，但人们所追逐之物却往往转瞬即逝，
但若有一条道路能让这场欲望的追逐永不落空，
我相信那便是对知识的追寻以及对美的渴望。

许多次在祺四的讲座台下，
我看到听讲者们孤独而又热烈的目光，
他们在下班后、下课后，跨越城市辗转奔波来到讲堂，
在这对每个人而言都并不容易的生活里，
对艺术的渴望很孤独，
阅读也很孤独，
但他们眼中的光芒却从未消退。

传播艺术的路途很孤独。

写作更加孤独。但我庆幸，我的挚友祺四是一位孤独而又勇敢的讲述者，即使许多人认为艺术就该用艰深而又晦涩的语言将那些仅仅是爱好者的人隔绝门外，即使许多人认为西方艺术就该被束之高阁只成全小众人的孤芳自赏，她还是坚持将艺术与历史深入浅出的娓娓道来。

这本书融会贯通地将西方历史、艺术史与珠宝史结合在一起，
带读者领略遥远的国度中一段段浮华背后的璀璨与沧桑。

作为第一个真正的读者，
我倍感兴奋，
因为我知道书中的故事还将传递到更多人的眼中，
令那些渴望艺术的双眼永不暗淡。
而我的朋友祺四，她的使命才刚刚开始，
这是她的第二本书，但也仍只是她的启程。

我不会忘记初识的那次画展，在来访者尚未来临而空无一人的展厅里，一个爽朗美丽的姑娘用她极其专业的知识与旁征博引的讲解带我领略墙上精妙绝伦的画作，那一刻，艺术与美的永恒力量打动了对这一切尚且一无所知的我。

但更加振奋我的，是那女孩想要踏上传播艺术之路的热情与决心。“我只要做成这一件事便不虚此生”，那女孩这样对我说。

莎士比亚在诗中写道：

“让声音最嘹亮的鸟儿歌唱，在阿拉伯那棵独树的树梢，
以他悲伤的歌声为号角，召唤来所有贞洁的翅膀。”

这一次，我已听见那棵独树上传来响亮的歌声，不是悲伤，而是激昂与铿锵。

蓟城君　己亥年秋月・于燕都

To all my readers:

I know it's been a while,
but thx for waiting.

This one is for you.

目 录

引 子 浮华的序曲 / 1

第一章 红玫瑰的王冠 / 17

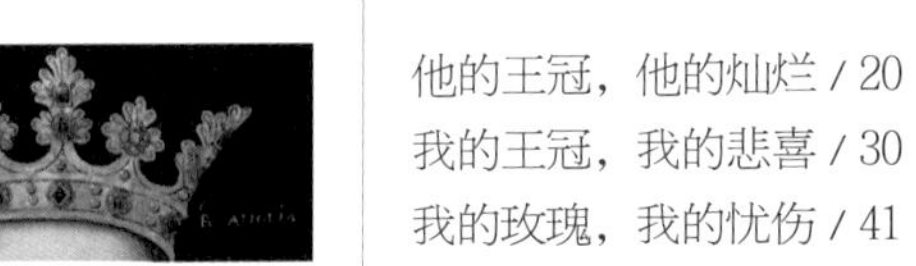

他的王冠，他的灿烂 / 20
我的王冠，我的悲喜 / 30
我的玫瑰，我的忧伤 / 41

第二章 我的心是兽与花 / 49

金雀花：我的凶猛与悲凉 / 58
红玫瑰：我的盛名与凄惶 / 86
白玫瑰：我的辉煌与劫数 / 98
都铎玫瑰：我的伟大与苦楚 / 117

c o n t e n t s

第三章 **狐狸的金羊毛** / 139

我的苦恼，珠玉难消 / 142
我的黄金，天下倾倒 / 151
我的夙愿，金石不晓 / 165

第四章 **蜘蛛、贝壳与海** / 179

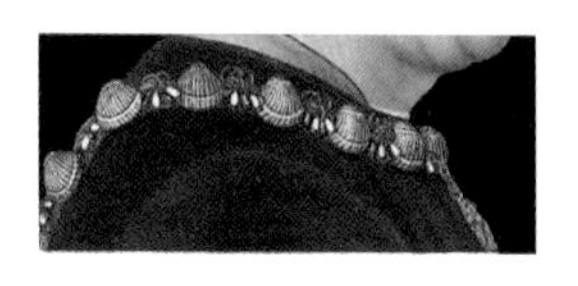

樊笼中的蜘蛛 / 182
天边的蜘蛛 / 195
大蜘蛛的归来 / 202
蜘蛛与海 / 213

第五章 **鹌鹑、少女与幽兰** / 223

—— 蜘蛛前传 / 226

c o n t e n t s

第六章

时间的蝴蝶 / 249

——蜘蛛番外 / 252

第七章

征战者的黄钻 / 263

楔子 / 266

相遇皆归是前缘 / 268

我的璀璨有腥风 / 287

只有血雨伴此生 / 298

第八章

伊卡洛斯的项链 / 317

引子

浮华的序曲

欧洲的中世纪是个漫长的时期。

从古罗马帝国的崩裂，到文艺复兴的到来，中间这一千一百年都是所谓的‘中世纪’*。战乱、饥荒、瘟疫、严酷又脏乱的生活环境，宗教对人们思想的禁锢，让这一千多年看上去像是人间炼狱。

18世纪的学者们甚至把这段时期称之为“黑暗时代”。

与古希腊的光明、古罗马的壮丽相比，中世纪的欧洲的确灰暗许多。但人类对美好生活的向往与在逆境中的顽强远超我们这些后人的想象。

正如诗人们总是歌颂的那样，再黑暗的时代，也有光亮。

所以这个时代有了但丁的《神曲》、薄伽丘的故事、乔托的画作，也有了那些高耸入云的哥特式建筑、亚瑟王与骑士们的心碎传奇，以及波爱修斯的哲学巨作。这些都是中世纪馈赠给我们的传世宝物。

当然，还有珠宝。

皮耶拉·杜·蒂尔特 《图尔奈之书：正在埋葬死于黑死病的众人》 c.1353

* 为免杂乱，书中的珠宝绰号、人物绰号、非文学引用的单词与名称和一些需要表达的特殊内容皆以单引号为用。其余则用双引号。

中世纪的珠宝虽然留存于世的不多，但从遗留下来的零星碎石中，人们可以看到那个缺乏记录的时代瑰丽的一面。

这一千年的珠宝可以大致分为三个阶段：

13世纪前的中世纪早期；
13世纪到14世纪的哥特全盛时期；
以及1375年后直到文艺复兴前的中世纪晚期。

中世纪早期珠宝的风格最主要的影响来自拜占庭宫廷。

现今保留下来最具传奇色彩的作品，是一枚人称‘查理曼大帝护身符’的挂坠。相传，它来自阿拉伯帝国，是阿拔斯王朝最著名的哈里发——那个曾被写进《一千零一夜》里的贤王——与查理曼大帝缔结联盟时送来的宝物。

但从工艺上来看，它其实应当是9世纪欧洲匠人们的手笔。
不过出自欧洲本土这一点并不会减少它的神秘。

据中世纪的僧侣们说，这枚以金做底，以大型蓝宝石为中心，四周镶嵌着祖母绿、石榴石、紫水晶和珍珠的垂饰，曾藏有一缕圣母玛利亚的头发。

作为一名虔诚的天主教徒，查理曼大帝直到驾崩都把它当作护身符挂在胸前。后来他的棺柩被打开，这枚挂坠才从他的脖子上取了下来。这种厚重、圆润，仿拜占庭风格的珠宝直到13世纪中期仍然可以看见。

佚名珠宝匠 《查理曼大帝护身符》 9世纪

"查理曼大帝"确切应该称之为'查理大帝'。'查理曼'是古法文'Charles le Magne'（查理大帝）的音译。为了与书中之后的一长串'查理'们区分开，笔者还是取用了'查理曼'这个更通俗的译法。

比尔曼临摹卡尔·弗里德里希·申克尔 《河边的中世纪城镇》 c.1830

但进入13世纪后半叶，那个哥特风格全盛的时期，珠宝也开始渐渐变得和建筑一样，尖耸、修长，有着明确的线条和华丽的设计。

这种越来越轻盈的风格一直延续到了14世纪，英国红玫瑰王——亨利四世——送给自己女儿的那顶波西米亚王冠，就是一个尤其漂亮的例子[1]。

到了中世纪晚期，受到国际哥特与文艺复兴前期的影响，珠宝的样子逐渐趋于自然主义。宝石切割与珐琅着色等技艺上的进步，也让珠宝的样式更加多姿多彩了起来。花草、动物、各式各样的人物，都成为珠宝师们的灵感源泉。

白玫瑰王的妹妹，玛格丽特公主的王冠便是这段时期的产物[2]。

中世纪这三个阶段的珠宝，在风格上也许迥异，但人们对宝石与贵金属的偏好却一直没怎么有过改变。

红宝石、蓝宝石、祖母绿、欧泊石以及所谓的巴拉斯红宝石（也就是红色尖晶石）为最昂贵的宝石种类。#这个排名只看大小，不分先后#

1 详情请看本书第一章：红玫瑰的王冠。

2 详情请看下册《璀璨的哀愁》。

因切割技巧上的局限，在很长一段时间里，宝石的加工都以打磨抛光为主，样子也以最后呈圆润的蛋面形状为多。

这也是为什么有颜色的宝石会那么的吃香。因为哪怕简单的技艺如打磨、如抛光，都能轻易让它们就呈现出透明宝石所没有的浓重色彩。

而如今最受我们现代人追捧的钻石，价值的排列反而没有那么高。

尽管在14世纪，一些新的宝石切割术从印度和波斯传了过来。宝石（包括钻石）也都开始有了棱角和刻面。但钻石仍然因为它过坚的硬度，不是很好加工。

而这时相对原始的切割方法——尤其是所谓的桌形切割——并无法真正带出钻石最璀璨，也是最具价值的‘火彩’。

所以在中世纪，你是听不到人们用“Shine like a Diamond”这种话来作为夸赞的。只因那时的钻石，既不‘shiny’，也不‘bright’。

它不仅不闪耀，相反还十分暗淡。

切割的局限，使得早期的钻石都没有什么折射率。
而没有折射率，就没有色散，没有色散，就没有火彩。

事实上在当时的人们眼里，钻石其实是黑色的。
同时期贵族肖像中那些黑乎乎的宝石便是钻石了。

威廉・希格 《伊丽莎白一世白貂肖像》 c.1585
伊丽莎白一世其实属于英国文艺复兴时代，只不过她身上珠宝的切割方式仍然属于中世纪。

彼得鲁斯·克里斯蒂

《店铺里的金匠》　1449

上图为修复后，下图为修复前。

当然，那种非常难得的，自带色彩的钻石不算。

它们还是很受人青睐的[3]。

不过不管宝石们的色彩多么斑斓，价格多么昂贵，在中世纪的珠宝师们看来，最重要的素材还是黄金。

自古埃及起，人类就对金子就有着不同寻常的渴望与崇拜。也许是它们金灿灿的像太阳，也许是它们的亮闪闪总能吸引人的目光，但对中世纪的珠宝师们来说，这些都不重要。

他们非常不肤浅的看重的是黄金内在的品格：它的柔软性[4]。

像人一样，柔软使黄金多变，使黄金延展。没有了黄金做底来镶嵌宝石和塑造形状，很多中世纪的珠宝都无法成型。

事实上在18世纪前，欧洲对珠宝师们的统称一律都是‘金匠’。

金匠们甚至还有自己的一位宗教主保圣人——圣·艾力基耶斯——来保佑自己的身体健康与生意兴隆。

15世纪布鲁日画家，彼得鲁斯·克里斯蒂的这幅《店铺里的金匠》有很多年一直被当成是描绘‘圣·艾

3 详情请看本书第七章：征战者的黄钻。

4 有关黄金的延展性，详情请看本书第八章：伊卡洛斯的项链。

力基耶斯’的作品。因为据说艾力基耶斯在做圣人前，便是做金匠出身的。

不过最近一次的修复和清洗让学者们发现，那原本在红衣金匠头上代表他‘神圣’的光圈，竟是后加上去的。

如今，画中这位金匠的身份，被认为是勃艮第公爵——人称‘善人菲利普’的菲利普三世[5]——在布鲁日王宫中著名的珠宝师，威廉·凡·乌路誉的肖像。

其实这位画中人的具体身份并不重要。这幅画真正的难得之处在于它给了我们一个机会，可以观看及窥察，当时珠宝是如何贩卖与兜售的。

画中描绘的很明显是一个供贵人们出入的场所。

一对打扮时髦的贵族情侣正在店里为自己的婚礼做准备，身旁的金匠则在给他们将要用到的戒指称重。就连婚礼上穿戴的束腰，也被这二人给带了来。而在束腰上缝入各色宝石也正是当时上流社会炫珠宝的习俗之一。

同时我们可以看到，桌子上的凸镜显示出，这对男女并不是唯一的客户。另一对穿着入时、手挂鹞子的贵族青年也正要进到店中。

5
有关‘善人菲利普’与珠宝之间的故事，详情请看本书第三章：狐狸的金羊毛。

小荷尔拜因 《亨利八世肖像》 c.1537

他们也许是要来给鹞子定制金链，也许是来给自己购买珠宝。

与现今社会中男士们流行的寡淡服装风不同，那时的男子与女子一样，都有着佩戴各式珠宝的习惯。

事实上如果你愿意，也有足够的地位和金币，你甚至可以像亨利八世一样，把自己从帽子檐到鞋后跟都挂上珠宝，让自己成为一个行走的、能闪瞎别人双眼的宝石库。

当然，从克里斯蒂画中的几位男士就可以看出，并不是所有人都喜欢用如此闪亮的风格来装扮自己。

有意思的是，从画中右侧的架子中我们可以看到，那时的金铺里并不局限于卖成品。它甚至都不局限于卖珠宝。

佚名

《忽必烈汗在上都会见马可·波罗》

14世纪 中世纪晚期

除了打造好的戒指和挂坠，店里还售卖可以自行挑选的宝珠、原生态的珊瑚，以及各种黄金锻造成型的家庭用具与器皿。至于一旁散落的珍珠，还有大大小小未经镶嵌的宝石，更是金匠铺子中的常备货品。

那时几乎所有的宝石都来自东方。

马可·波罗在13世纪途经印度的邻邦锡兰时，就曾在笔记中描绘过他在当地看到的那些让人眼花缭乱的宝石——红宝石、蓝宝石、玛瑙、黄玉、紫水晶，简直数不胜数，种类繁多。

他还有写到，当地的锡兰王拥有一颗巨大无比的红宝石。

它耀眼欲滴，如猛火，似烈焰，荣光无法遮掩。

这枚通体毫无瑕疵的红宝石，有手掌那么大，和成年男子的胳膊那么厚，实是令人垂涎。

而用“价值连城”来描绘它更不是一句空话。

马可·波罗就称，成吉思汗曾想用一座城池与锡兰王交换这枚红宝石。但锡兰王最后还是没有同意，他说他舍不得。

除了印度这一带外，波斯与埃及也是中世纪宝石的重要出产地。

这些被当地人开采出来的宝石，由商贩们带进埃及、叙利亚、君士坦丁堡等各处巴扎市集。市集上，远道而来的意大利商人将会再次进行挑拣，并一路把它们给带回欧洲。

那些不值一提的散碎小宝石先卖给绸缎商，让裁缝绣到衣料中。

已成型的、大一些的会卖给金匠与宝石切割师。

至于那些一看就是稀有货，似乎都自带灵魂的大宝石他们则不着急卖——这些都是要找机会带入宫廷，呈现给各路贵人们参详出价的传奇之宝。

想来有趣，这些宝石，历经漫漫岁月，
从地底到地上，从深山到日光，
辗转在黄沙与月色之间，由骆驼和人群带领着，
千山万水，尘风满面，终于来到了它们的目的地。

让人着迷的是，直到此时，它们的故事才刚刚开始。

第一章

红玫瑰的王冠

Happiness is that red rose
bloomed in the garden;
To be had perhaps,
But never to last.

他的王冠，他的灿烂

中世纪英国最辉煌的300年，都是金雀花王朝的时代。

相传这一脉是人鱼女妖的后裔，他们身材高大，相貌俊美，骁勇善战，却又都各有各的古怪。

就连这一支中最后的金雀花，精致阴柔的理查二世，也都有着一米八二的身高，和能在14岁就单枪匹马威吓叛军的气势。

但花开花落终有时，再绚丽的花朵都有凋零的一天。

作为副支，红玫瑰与白玫瑰家族各自的壮大，就已是金雀花嫡支衰败的前兆了。斩断理查二世这最后一朵金雀花的正是他的堂弟——红玫瑰王亨利四世。

和他那位华而不实、心胸狭隘的堂兄不一样，亨利四世是个务实的人。

而务实是一个君主可以拥有的最好的品格。
因为一个人一旦务实，他就善于解决问题。

佚名 《头戴王冠的理查二世》 16世纪末

君王作为王国中的最高领导人——一个听上去很高端的职业——但其实每天睁开两眼的核心工作就是解决臣民们给自己抛过来的各种烂摊子。

理查二世是个失败的君主，这点毋庸置疑。

但他的失败，不光是因为他在做决策时老爱拉抽屉，更是因为他似乎总是能找到一条最复杂，也是最不恰当的方法去解决问题。

与堂兄相反，亨利四世乃是处理政务的翘楚。

他在位期间的所有问题，都有着清晰明了的解决方案。

有叛乱就镇压，有谋反就诛杀。议会有不满就商榷，外邦有异动就周旋，君臣有不合就理解；实在理解不了的话，便就事论事，看是宽恕还是处决。

亨利四世做事果敢决断，赏罚分明，最重要的是一言九鼎，从不来回摇摆。他政治上的决策与理查二世的几乎都截然相反，尤其在亲议会、远私臣、不蓄养宠信这三点上更是如此。

这样看来，做个明君也并不难——你只需要与昏君反着来就可以了。

亨利四世的确是位解题好手，似乎什么样的难题到他这里都能搞定。其实就连当初篡位，也是为了解决自己的生存问题而已。

他南征北伐，一生戎马，各种历史遗留问题都在他的手里迎刃而解。而英国，也在亨利四世的统治下，进入了中世纪难得的一段稳定期。

但鲜为人知的是，这位以杀伐决断、克制谨慎出名的冷面王，年少时也曾是个鸣鞭舞剑骄烈马、腰别管弦吹落花的倜傥美儿郎。

作为英国最富有，也是最强大的兰开斯特公爵的唯一嫡子，他善骑射、懂音律、玩猎鹰、好骏马，可以说那些纨绔子弟们会的东西亨利四世全会。

在当时那些怀春少女们的心里，意中人可不是一看就一脸不足之症，甚至还有点口吃的理查二世。

理查的堂弟，那个精力旺盛、博学健谈，还总是能在骑士比武赛中摘取冠军的亨利，才是那位能让她们幸福得晕过去的白马王子。

有一位意大利的贵族少女，就曾非常直言不讳地当众对着自己的未婚夫宣告——亨利若是肯娶她的话，她立马就取消与未婚夫的婚约，哪怕她“在成婚后的三天里就死去，也是死在幸福里”。

是的，年轻时的亨利，
就像一朵怒放的红玫瑰，吸引着所有人的目光。

如果理查二世对自己足够诚实的话，
他就会承认，他是有点嫉妒这个堂弟的。

佚名
《手持红玫瑰的亨利四世》
16世纪末

年纪相仿又常在一起的小孩子最容易被人拿出来比较，王子皇孙们也不例外。而这种比较到底有多伤人，只有被比较过的人才知道。

深谙人性的简·奥斯汀曾说过，“身边总有一位无论做什么都比自己更出色的亲友，实是一种难与外人言的苦楚”。

所以理查的嫉妒，也乃人之常情，不难理解。

事实上这对从小一块长大、岁数相差不到3个月的堂兄弟，关系一直不怎么美妙。

幼时的口角不提，就说成年后的那些事儿：

先是堂兄不带着堂弟玩儿，把堂弟排除在自己的小圈子之外；
紧接着，堂弟跟着他人一起逼宫，要求堂兄国王‘清君侧’；
再然后，堂兄堂弟握手言和，和平共处了一段时间；
但之后，堂兄又找到了个理由把堂弟逐出了王国，时限10年。

而在堂弟被放逐的期间，堂兄的皇叔，也是堂弟的爸爸薨逝。现在，堂兄连理由都不找了——直接没收堂弟的资产、剥夺堂弟的继承权，还不准人家回来奔丧，并把放逐令的时限延长到一万年，喔，不，是终身。

至此，堂兄弟彻底决裂。

经过这么多年，理查终于把堂弟这个别人家的孩子给踩到了脚底下。可他没想到的是，他的这番意气之举，也同时给自己签下了判决书。

理查二世的性情一直有些不稳定，朝令夕改那都是常事，这个贵族们都知道。但他们谁也没料到，这位国王竟然会连个正经缘由都不给出，就把自己堂弟给一撸到底，贬成了庶民。

要知道，亨利是正经的皇亲国戚，两人是同一个爷爷，血缘非常的近。而且理查的父亲黑王子因为早逝并没有登基，理查是以皇太孙的名号继承的王位。

若不是黑王子的弟弟——也就是亨利的父亲，兰开斯特公爵‘冈特的约翰’——因各种原因退避了，现在坐在宝座上的没准就是他亨利了。毕竟在金雀花王朝，兄终弟及也是有过前科的。

再说了，就算亨利之前犯了过错，你理查已经以放逐为名惩罚他了呀。一罪不能二罚，你无缘无故就把人家革了爵是怎么回事?

更重要的是，亨利的资产里有很多是他母亲——那位曾是全英国最富有的女公爵——布兰琪的个人财产。

理查你只是国王，又不是上帝，怎么可以随便就查收人家的私产?

是的，理查二世这一系列的举动让英国众贵族上下心里都拔凉拔凉的。人们都说，理查在他皇叔病榻前还答应过要照顾这位堂弟呢，没想到皇叔棺材板还没凉呢，这就翻脸不认人了。

一时间流言飞窜，人人自危，各种远亲近戚都开始不安了起来。

虽然大家也明白，理查二世对亨利做得如此绝的原因，归根结底就一个：他不喜欢这个堂弟，并且不知心里烦他有多久了。

可一国之君不能因为自己的喜好办事呀。

否则从此你喜欢的才是好，不喜欢的就是歹，那整个国家不就乱套了？更重要的是，谁又可以保证自己能永远招理查的喜欢？到时候自己的下场估摸着还不如亨利。人家亨利还是近亲呢。

卢卡斯·科内里斯·德·科克 《冈特的约翰，兰开斯特公爵》 c.1593

这也是为什么，当亨利决定揭竿而起时，英国境内几乎没有什么领主贵族反对他。不仅不反对，他们还将英国的大门敞开，欢迎他的归来。

这些人倒戈得实在太快，理查还没来得及反应过来发生了什么，就被叛军给抓住了。

亨利·兰开斯特的这场兵变，可能是英国史上最短的一场造反了[1]。起兵先后不到一个月，亨利便控制了英国大部分的领土。

如今，距离他父亲下葬也就半年。

亨利也没料到一切会进行得如此顺利。
想当初，他也只是想夺回自己的继承权而已。
#至少明面上他是这么说的#

不过亨利心里拎得很清楚，现在可不是为了贤名往后褪（tùn）的时候。否则等他这位报复心极强的堂兄缓过来，自己的下场可就不是被放逐出境那么简单了。

事已至此，亨利明白，
他必须要戴上王冠，以绝后患。

而理查的退位，势在必行。
但具体怎么退？这是个问题。

1 亨利四世的真正姓氏是'金雀花'，但许多史官为了方便分辨，也会用他父亲的爵位'兰开斯特'来称呼他。

这之后，各卷史书就开始有了分歧。

有的说，理查自觉不配为君，
主动提出禅位，但要求饶了自己的性命；

有的说，理查怒火中烧，目眦尽裂地大骂亨利是个卑鄙小人，
还把帽子狠狠砸到了他的脸上；

有的说，理查被亨利逼得嚎啕大哭，
形容悲苦地大声嗷喊自己为什么要出生在这世上，
不得已才答应了的退位；

但有的也说，理查拒绝沟通，不理睬任何人，
不吃不喝不说话，最后把自己活活饿死在了狱塔中。

不管真相为何，我们知道的是，
1399年10月1日，议会宣告理查被废黜；
1399年10月13日，亨利在西敏寺被加冕为王，史称亨利四世。

如果这是一个童话故事，那么结局就会停留在这里：

理查被打败，亨利做国王，人们从此过上幸福美满的生活。

可惜人生与童话的最大区别就在于，
那些美好的时刻永远都是稍纵即逝的。

我的王冠，我的悲喜

王尔德说过，“如果众神想惩罚我们的话，就会满足我们的愿望”。

亨利四世戴上王冠的那一刻，也正是他悲剧的开始。从此烦恼与忧虑卧榻，苦难与病痛缠身，人生再无太平之日。

也许这世上真的没有一个君主可以是幸福的，但亨利四世尤为不幸。

他虽然坐上了王座，但英国在理查的统治下早已内忧外患，满目疮痍。钩心斗角的贵族，暴动不满的平民，百般责难的议会，还有虎视眈眈的邻国，这一切都让亨利四世疲惫不堪。

雪上加霜的是，理查二世当初养的那批‘白鹿死士’，发誓要杀死“篡位者亨利”，为他们的理查王报仇血恨[2]。

刺客们如雪花一般，渗入进王宫的每一个角落。

2 有关理查二世‘白鹿私章’的故事，请看第二章：我的心是兽与花之【金雀花·我的凶猛与悲凉】。

佚名 《兰开斯特档案：手拿权杖的亨利四世》 c.1402

那些无穷无尽的匕首和毒药让亨利四世不得不时刻提悬着心弦。

这一场接一场的叛乱，一次又一次的暗杀，还有大臣们没完没了的阴谋诡计，让他再也没有一夜可以睡安稳。

虽然一件件亨利四世把问题都给处理了，然而无止境的祸乱和纷争早已侵蚀了他的身心，让他无可抗拒地日渐衰弱了起来。

想当初，也曾月落吹笛舞剑，日升骑马踏花，道不尽的意气风发。
可怜过去如旧梦，那个骄阳烈焰般的红玫瑰少年已经不在了。

200年后，他的英国出现了一位大文豪。此人不仅才华横溢，也似乎是亨利四世隔世的知己，他让在他笔下重生的亨利说出了自己所有不幸的根源：

Uneasy lies the head that wears the crown.
戴上王冠者，此生永无安宁。

佚名 《让·夫华沙编年史：加冕中的亨利四世》 c.1470–2

不过有一顶王冠对亨利来说是不一样的。
它寄托的是亨利四世那些对世间更美好的愿望。

继承王位时，亨利也继承了理查的私人宝库。

像阿拉丁故事里的洞穴一般，这里面也有数不尽的奇珍异宝、穿不完的华衣美服。只珠宝细软这一项，便有一千多件。

理查二世生性极好繁华，他在位时英国宫廷的讲究与奢侈全欧洲闻名。尽管如此，收纳官在盘点他私库时还是被这位前国王的阔绰给吓了一跳。

光纯金打造的王冠，理查就有11顶。至于各种宝石金银制成的其他配饰，如胸针、纽扣、花冠、项环、徽章等更是数不胜数。

理查的总资产盘算下来一共有二十万零九千英镑（￡209,000）——大约是2019年的两亿五千两百四十一万九千八百七十九英镑四毛七便士（￡252,419,879.47）。

记录理查二世私产的卷轴足有整整28米长，至今仍保留在英国国家档案馆中。这卷清单里，最精致的——也是唯一留存于世的——是一顶人称‘波西米亚’的王冠。

而它的美丽，让人目眩神迷。

佚名 布拉格珠宝匠 《波西米亚王冠》 14世纪

这顶王冠由黄金打造而成，卷珠纹路修饰成边，上嵌103粒珍珠、66颗巴拉斯红宝石、48枚蓝宝石、36颗钻石，外加6枚祖母绿，约一千克重。1399年值二百四十六英镑左右（￡246）。

如果换算成今天的货币，差不多是三十二万两千九百八十八英镑八毛一便士（￡322,988.81）。

但到了如今，它已经是不能再用货币衡量的无价之宝了。它的价值不仅仅在于昂贵的宝石用料，更在于中世纪匠人们不可复得的精湛工艺。

这顶王冠高18厘米，直径18厘米，由12根可拆卸尖顶茎杆与圆形底座组成。茎杆6根长，6根短，高矮交替插在底座上，其顶端的样式为中世纪最流行的‘三尾百合花’。

它的底座则由12枚红蓝珐琅着色六角花窗连接成环。

为了方便茎杆被取下后再原位插回，上面还标有罗马数字的I-XII（1-12）。

作为哥特全盛时期的产物，‘波西米亚’王冠完美照映出了同时代建筑的辉煌。尖锐、优雅、修长，有着繁琐精巧的花纹和引人注目的设计。珍珠与宝石覆盖了几乎三分之二的黄金，让王冠在金灿灿的同时，视觉上也极为璀璨轻盈。

高矮不一的百合花茎好比哥特大教堂顶上的座座尖塔，而底环上衔接六角珐琅的镂空透雕正是这些教堂中常见的窗格花楞——圆形三叶草，以及倒刺四叶花。就连点缀在各个角落的珍珠，其堆砌方式用的都是经典的四叶草格窗棂。

这顶王冠被称之为“哥特金匠们最杰出的成就”不是没有道理的。

它五光十色，巧夺天工，是理查私库中最精美的一顶女式王冠。

但说起来，它并不是英国珠宝匠人的产物。

事实上，它是理查二世的第一任王后，那位来自布拉格宫廷的公主——人称‘波西米亚的安妮’——所带过来的嫁妆。

上左 《波西米亚王冠》百合花茎细节
上右 《科隆大教堂：国王花窗》细节 c.1300
下左 《圣礼拜堂：彩色玻璃》细节 1238-48
下右 《波西米亚王冠》六角珐琅细节

* ‘文艺复兴’这座大山崛起后，便盖住了‘国际哥特’的光芒。但其实在达·芬奇等众天才横空出世前，‘国际哥特’才是全欧洲最流行的风格。若是比起传播速度，‘文艺复兴’远不如‘国际哥特’。可惜‘国际哥特’终归不过是昙花一现罢了，只有‘文艺复兴’才是艺术史上那座永恒的高峰。

安妮的父亲查理四世乃是布拉格迄今都倍感怀念的神圣罗马帝王。到现在，捷克人都仍然亲切地称这位查理大帝为*Pater Patriae*，“父国之父”。布拉格的查理大学、查理大桥、查理广场、查理医院等各种‘查理’都是以这位大帝命名的。由此可见他在捷克人心中的热度。

正是在这位大帝的统治下，布拉格被喻为中世纪“最璀璨的宫廷”，并成为各种人文艺术输出的要地。说起来在文艺复兴崛起前，中世纪晚期分外流行的‘国际哥特式’风格，便是由这位波西米亚皇帝在此兴起来的*。

当然，随着艺术一起流行起来的还有珠宝。

布拉格也是在这时，变成了欧洲珠宝商人们的一个重要交易中心。

时髦的花样儿，绚烂的宝石，技巧高超的金匠，这里都应有尽有。可以说，这顶在布拉格打造而成的‘波西米亚王冠’是当时欧洲最时尚的首饰单品。

这也是为什么当安妮戴着它嫁到英国时，艳惊四座，引领了好一阵子的潮流。

说起与安妮的联姻，其实并没有给英国带来多少实质性的利益，以至于理查的史官们都很不待见这位新嫁来的王后——他们称呼她为“人类最矮小的废料”。

但对于她的王冠，他们还是保持了积极正面的态度的。

那场婚礼，花团锦簇，奢华异常，理查的气派，加上安妮的排场，让来宾们眼花缭乱。

年轻的亨利也在场。

他是看着安妮王后戴着这顶王冠嫁进来的。

眼看他起高楼，眼看她戴王冠，眼看她朱颜消，眼看他楼塌了。

安妮王后香消玉殒在12年后的一场黑死病中。
5年后，理查也被亨利推翻，死在狱中。

兜兜转转，这顶王冠也落到了亨利的手里。

尽管那都是很多年前的事了，但亨利四世还记得王冠下安妮灿烂的模样，好像世间所有的幸福都凝聚在了她的手上。

理查不是个好国王，但却没人可以说他不是一个好丈夫。

安妮与他在一起的这12年开心又美满，理查对她也是真心一片，由衷地依恋。年纪相仿的两人总是黏在一起不说，安妮更是执拗的理查唯一能听得进去的劝。

安妮薨逝时，理查悲恸欲绝。他下令把她常去居住的行宫夷为平地——他说他再也没法去到那里而不哭泣。

这些事情现在想来恍如隔世，但亨利都记得。

珀西·安德森 《波西米亚的安妮》 1906

他记得安妮的喜悦，记得理查的情深，
还有曾经那些自己也曾快活过的岁月。

‘波西米亚’王冠予他来说是朝朝暮暮，
是琴瑟和鸣，是世间对一个女子最美好的祝福。

他把这顶王冠送给了他最疼爱的女儿，
那个以自己已故母亲为名的红玫瑰公主——布兰琪。

我的玫瑰，我的忧伤

那时的女子，一生幸福都系于婚姻。

她们除了进修道院，就只有嫁人这一条出路。

‘公主’听上去很高贵，实际上却更可怜些。她们每一场婚姻都是不可浪费的筹码，夫婿的选择也更多是基于政治的角度，而非个人的相貌品行。至于匹不匹配，两人的性情是否相投，这些都只能听天由命了。

布兰琪公主的婚姻便是如此。

当时，刚刚上位的亨利四世根基尚浅，英国又内乱不断，他急需与他国结交，来稳固自己的政权。而没有什么比联姻来得更快的交好方法了。

于是他把大女儿布兰琪，许给了德国国王的大王子，比她大14岁的路德维希。订婚时，布兰琪才9岁。就算在时兴早婚的中世纪，这个年纪也过于小了。

但亨利没有办法，远交近攻是对的政治决策，他必须要贯彻到底。

可他是爱这个女儿的。

这个大女儿一直是他最挂念的孩子。

亨利四世一家子都有差不多的性格，灿烂、强势、耀眼，每一个都像一朵带刺的红玫瑰。就连布兰琪7岁的妹妹，亨利的小女儿——那个将来会嫁去丹麦被人尊称为‘武后’的菲丽帕公主——都有个强硬霸道的性子。

只有这个大女儿，不像他兰开斯特家族的人，反而更像她的母亲，那个来自古老白天鹅家族的玛丽·德·博恩[3]。

纤细，柔弱，优雅，像她的母亲一样，布兰琪的性情也过于温和，虽然善解人意，却也时常令自己担心。毕竟在宫廷这种豺狼围绕的地方，强势些总是好的。

但性子这个东西，它是改不了的。

亨利四世能做的，就是给她备上一份丰厚的陪嫁，以期待她嫁去时，能多些依靠。

为了女儿，他力排众议，顶着议会大骂他铺张浪费不节俭的压力，给布兰琪准备了整整40000金币的巨额嫁妆。换算到2019年，大概有一千七百四十九万六千八百九十五英镑六毛三便士（￡17,496,895.63）。

要知道这还挺不像亨利四世会做出的事儿。他其实

3 有关白天鹅家族的故事，请看第二章：我的心是兽与花之【红玫瑰·我的盛名与凄惶】。

佚名 《法国国王查理六世把自己的女儿伊莎贝拉介绍给理查二世》 15世纪

还挺抠门儿的。

可能务实的人一般都抠门儿。因为他们知道这世上没钱的话，说什么都是井里捞月——白搭。而亨利四世当政期间，英国实在是有太多地方需要用到钱了，他恨不得把钱都掰成三瓣儿花。

在亨利看来，嫁妆就是给夫家白送钱。这种肉包子打狗的事，能少做就少做。像之后他嫁小女儿菲丽帕时，可就没这么多陪嫁了。

他还曾非常不地道地把理查第二任妻子、法国公主伊莎贝尔的嫁妆给硬生生地扣留了下来。人家说，当初结婚时都签过合同的，如果理查早逝，嫁妆是要退还给我们法国的！

谁知亨利这见钱眼开的，压根儿不管那一套，直接回：再不滚蛋，就人和嫁妆一起留下。吓得法国大使赶紧快马加鞭地把自家公主带回了国。

所以他给大女儿布兰琪准备的妆奁，算得上是大出血了。

不仅如此，想到的想不到的，他都给她准备全了。

成群的家仆，各色的宝石，用不完的布料，当然，还有理查宝库中最华贵的这顶波西米亚王冠，他都给了她。

她必须出嫁。但他希望她，能像这顶王冠曾经的拥有者那样，婚姻美满，夫妻缱绻，伉俪情深。

一年后，10岁的布兰琪带着满车的金银和随从人马，在马盖特港登船前往德国。这是亨利最后一次见到他的大女儿。

1402年7月6日，红玫瑰公主布兰琪在高耸入云的科隆大教堂与路德维希完婚。头戴父王赐予她的波西米亚王冠。

事实证明，老天回应了亨利的期盼。

这对小夫妻虽然年龄相差很大，但10岁的布兰琪和24岁的路德维希很是合得来。路德维希也是个好性子的人，并且极其喜爱自己这个小妻子。

在那个丈夫去巡视领地，贵族夫人一般要待在宫廷的年代，路德维希却走哪儿都爱带着布兰琪。两人就这样一路游山玩水，顺着莱茵河，把巴伐利亚逛了一个遍。

让这场婚姻更加锦上添花的是，路德维希的父母兄弟也都很喜欢这位英国嫁来的公主，没有人愿意为难这位娇美的小姑娘。

一切都美好得不像政治联姻。

那些年，公婆和蔼，丈夫体贴，亲戚友睦，还有自己父亲给的那些用不完的金币，布兰琪在海德堡的宫廷中，着实过了几年童话般的日子。

这期间，远在英国的亨利身体每况愈下，但他却还是不停地抽出时间来与自己的大女儿女婿通信。而每次得来的消息，也总是让他倍感慰藉。

1408年，亨利四世的病情急速恶化，御医们说他可能撑不过这个冬天。

面对迫在眉睫的生死，亨利决定替大女儿再做最后一件事——他下旨把远在德国的布兰琪公主引进圣乔治骑士团，封为嘉德贵女[4]。

如此一来，待他死后，儿子就算不念兄妹之情，也会在骑士团誓言的捆绑下，多多看顾布兰琪的。

已经为女儿打点好一切的亨利，准备长眠了。

但命运似乎总是爱和人的意志开玩笑。

这场大病，亨利四世挺过去了。
但他的小红玫瑰，却凋零了。

4 因为嘉德骑士团的主保圣人是圣乔治，勋章上也用的是这位圣人的徽章，所以有时也会被称为“圣乔治的骑士团”，但众骑士与贵女们的正式名称不变，仍是‘嘉德’

就在亨利病情刚刚好转没多久时，德国那边传来了消息——怀着6个月身孕的布兰琪公主染上了怪病。断断续续的鼻血，持续不下的高烧，没人知道的病因，让路德维希只能不停地写信给自己的岳父排诉忧愁。

终于，在布兰琪缠绵于病榻一个多月后，路德维希给亨利四世寄去了那封似乎是突如其来，也似乎是命中注定的信件：

“在一个春花破晓的黎明，我们的布兰琪病逝。享年17岁。”

路德维希悲痛，亨利四世哀伤，但没人能阻止噩耗的到来。

这世上不公平的事情何其多，
让年老多病的残喘，青春貌美的夭折。

可能那些太美丽的事物，都是有诅咒的。

像安妮王后一样，布兰琪也有一位让人艳羡的夫婿，和比梦境还完美的婚姻。戴上波西米亚王冠的她们，星眸皓齿，艳冠群芳，享尽一切富贵温柔。

然后，也与安妮一样，
布兰琪也在一个百花绽放的春天，被迫早早离开了人间。

两场太过相似的命运，让这顶王冠再也没有人敢纳入怀中。

它明亮，晶莹，华光四射，却从此只能静静地在玻璃后，

看流云溢彩，看满园春色；还有，

看那人间的喜乐，
似红玫瑰一朵；
也许会绽放，
却注定会凋落。

第二章

我的心是兽与花

私章

在中世纪的英国，流行过一种特殊的饰品：私章。

上至国王公爵，下至子爵男爵，大大小小的贵族们都会给自己弄几个出来。私章不像族徽或家徽，只有自己族内子弟或者嫡系儿女们才能用。

它的佩戴门槛异常的低——只要你想表忠心，你就可以戴。

因此，在这件饰品最风靡的14世纪，从深宫禁苑，到卖菜的大街，全英国差不多人手一个，到处可见。

这也不难理解。

人类是一种群居动物，大家都想找到组织，中世纪的人们也不例外。这样哪怕不相识，大家在街上一相逢，看到对方胸前私章，就知道狭路迎来的是仇家还是自己人。

这其实很像现代西方政客竞选时，支持者们身上的别针。
以及……我国粉丝们追星时的各种图案衍生品。

不过和现代不同的是，中世纪的私章上通常没什么文字或口号。

在那个平均文化水平不高，大部分人都不怎么识字的年代，图像远比文字更有视觉冲击力。

群众的这个需求，也让私章的图案在这个阶段变化出了许多花样儿。从树木花草，到飞禽走畜，再到仙子神兽等，上天入地，无奇不有。

白玫瑰王爱德华四世的宠臣，黑斯汀男爵威廉的私章，便是古波斯人传说中的凶兽‘蝎狮’。

古希腊时便有人记载过的这个凶兽。
老普林尼和亚里士多德都在自己的《博物志》中有写到过。

人们对蝎狮的兴趣一直持续到中世纪，甚至更久。哪怕到了17世纪，在一些动物的寓言书中，仍然能时不时看到它的踪影。

相传，蝎狮有着人类的头颅、狮子的身体与蝎子的尾巴。

它的尾巴有时也会被描绘成豪猪的硬刺。但不管模样如何，人们深信蝎狮尾刺中所蕴藏着的剧毒，乃天下至毒之一。据说任何猎物，包括人类，一旦被蜇到，都将会立即倒地不起。

不仅如此，蝎狮还有三排尖牙，让它可以轻松地把猎物的肉与骨给统统吃进肚中。

左：凯瑟琳·帕尔的‘华冠少女’私章
右：佚名 《亨利八世的第六任妻子：凯瑟琳·帕尔》 16世纪

事实上，蝎狮的英文名*Manticore*正是古波斯文‘食人兽’的意思。

当然，并不是所有私章的形象都如此凶险。

亨利八世的第六任王后，凯瑟琳·帕尔的私章，便是从一朵都铎玫瑰中盛开出来的‘华冠少女’。

一些自然景观，如日月星云等，也时常会作为私章形象出现。理查一世的‘星月章’，以及爱德华三世的‘日升云间章’，都属于这个类型。但相对来说，私章的图样还是以动物居多。

这些动物，有的取自家徽上的‘助兽’，有的来源于家族当地的传说，也有的继承自父母祖先，或成婚后夫妻的互换。甚至，有些还是自己名字寓意的变体。

佚名 《罗切斯特奇兽录：蝎狮》 13世纪晚期

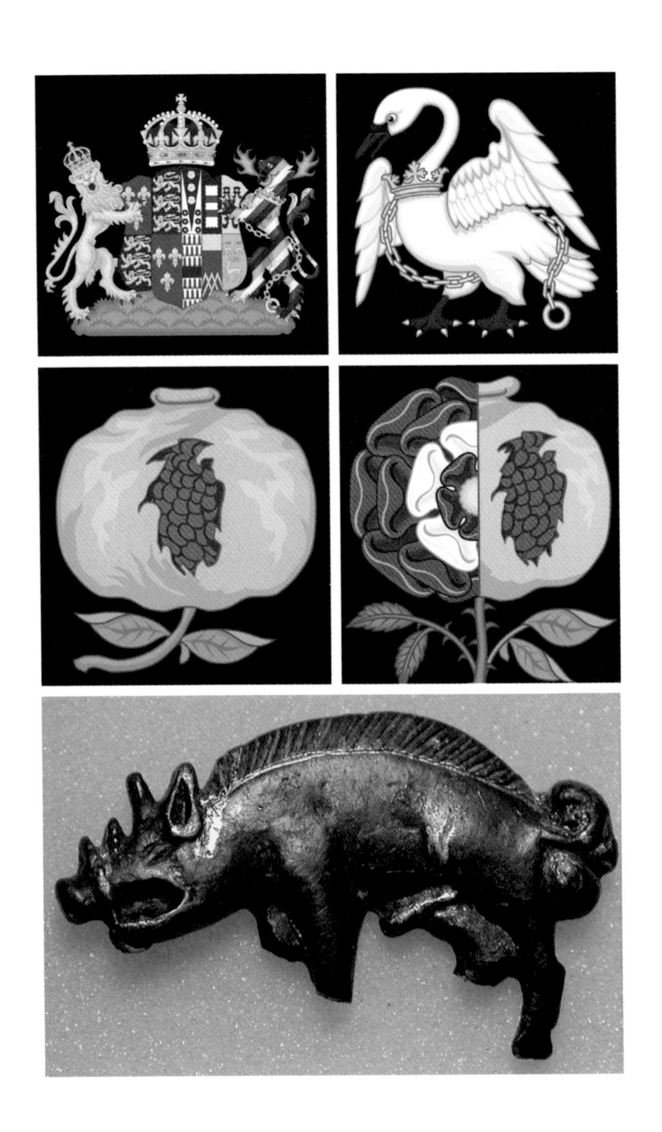

上左：凯瑟琳·帕尔的家徽与其助兽

上右：亨利五世的红啄‘王冠天鹅’章

中左：亨利八世第一任王后阿拉贡的凯瑟琳的‘石榴章’

中右：亨利八世与阿拉贡的凯瑟琳的夫妻‘玫瑰石榴章’

下：理查三世追随者所造的简陋版铜制‘野猪章’，15世纪

然而，不管私章是动物还是花草植物或自然形态，它们的模样并不保证是一成不变的。

夫妇间有时为了显示联姻，就会把对方的图样融进自己的私章里。如亨利八世与第一任王后凯瑟琳的‘玫瑰石榴章’便是一个很好的例子。

有些儿女们为了纪念父母，以及避嫌，有时也会在原有私章的基础上，微调一下细节。如红玫瑰王朝中的亨利五世，便把父母的纯白‘天鹅章’，改为了有着红喙红蹼的‘王冠天鹅’模样。

私章的样式一旦定下后，诸位贵族的拥护者们就可以跟着打造了。

有钱的，可以用宝石珍珠、珐琅金银等名贵材质打造一个配得上自己身份的。那没钱的，也可以用铁木铜铝等便宜材质做一个简单些的别在自己身上。

毕竟材料虽有贵贱，忠心却没有。

王子公孙们也非常热衷于自己打造自己的私章。

这不仅仅是为了自身的佩戴，更是作为一种笼络人心的手段——私章可以被当成恩典，赏赐给身边那些忠诚的追随者们。

勃艮第画家汉斯·梅姆林曾给白玫瑰王爱德华四世的近臣，约翰·多恩画过一幅《圣母子三联画》。

画中，跪在圣母子面前的多恩与妻子脖子上的项链，便是爱德华赐给他二人的‘白狮章’了[1]。多恩也自然而然把它视为荣耀，并嘱咐梅姆林特意把这个细节给放进画里。

不过项链与挂坠不是私章作为珠宝的唯一模样。它们可以以各种饰品的形式，被贵族以及他们的簇拥者们戴在身上。

据记载，爱德华二世便戴过一顶完全由自己私章的图样——‘金玫瑰’——编织而成的冠冕。据说冠冕上的花朵都是由纯金打造，枝叶则用祖母绿加以点缀，整体精致又辉煌。可惜后来毁于乱世，没能流传至今。

值得一提的是，每位贵族的私章并不像后人们想象中的那样，只局限于一种样式，如一种花卉或一种鸟兽。

这世上只有穷人才需要专一，有钱人都是恨不得把所有选择都搂进怀里。毕竟当选择那么多的时候，只选一种岂不是很痛苦。

所以像“红玫瑰家族只用红玫瑰，白玫瑰家族只用白玫瑰”这种谬误，不过是后世小说家们的云云杜撰罢了。

要知道，光红玫瑰王亨利四世一人，被记录下来的

1 详情请看本章第3节【白玫瑰：我的辉煌与劫数】。

私章样式便有14种之多。

不过不可否认的是，其中最深入人心的还是他的‘红玫瑰章’。

的确，不管中世纪的英国王室，曾盛行过多少种雄赳赳气昂昂的私章样式。最后被人们记住的，还是那几朵娇艳欲滴的花儿。

金雀花、红玫瑰、白玫瑰，以及红白双色的都铎玫瑰。

这四朵花也见证了英国从中世纪到文艺复兴前这段时间内，所有的权力更迭。

以下，便是这四个朝代中，各位君主与他们私章背后的故事。

金雀花：我的凶猛与悲凉

英国的金雀花王朝，源于法国西部的古安茹省。

不过那时还没有所谓的‘法国’，安茹也只是加洛林帝国中的小小伯国。统领这片封地的领主安茹伯爵，便是金雀花国王们的祖先[2]。

不要看这小小一伯爵，背后的传奇却不少。

有的说，他们乃查理曼大帝的后裔，是查理曼孙女佩托尼拉的血脉。这也可以解释为什么这一支都格外地嗜武好斗，善战骁勇。

也有的说，他们也是人鱼女妖梅露西的后代。子嗣多有着人鱼标志性的红发不说，相貌也以高大俊美的居多。不过同时这些金雀花们也遗传了人鱼的脾气，任性

2 金雀花王朝的前三位国王亨利二世、理查一世与约翰，因在位期间仍控制着法国西部的祖封地，所以有时也会被称为‘安茹君王’。

朱力耶斯·胡伯纳 《被发现秘密的梅露西》 1844

又汹涌，发起怒来，凡人皆惧。

以上种种传说，真实与否，现在已经无从得知。

我们可以确定的是，金雀花王朝的开创人，安茹伯爵杰弗里五世，的确很会带兵打仗不说，还是一位有着红头发的美男子。人们都称他为‘俊俏的杰弗里’。

就像世上所有的美男子一样，杰弗里不仅很俊俏，他还极爱打扮。

这位伯爵最爱做的事便是折下路边的金雀花，然后把它们插在自己的帽檐上。据说那金灿灿的花枝，衬得他满头的红发，像流动的阳光一

佚名

《安茹伯爵，杰弗里·金雀花》瓷漆肖像 c.1151

样，耀眼又辉煌，有说不尽的风流倜傥，道不完的气宇轩昂。

因他总是人不离花、花不离人，渐渐的，他本来的姓氏反而很少有人会再提起，人们也都改叫他‘杰弗里·金雀花’。后来，也是因缘际会，这位潇洒的伯爵，娶了英国的女王储，那位骄傲的神圣罗马皇后——玛蒂尔达。

这势如飞雀的金色小花，便就此飞入宫阙，成为他们子孙后代的王朝名号。

从杰弗里与玛蒂尔达的儿子亨利二世起，之后的每一位金雀花国王，都会以这枝金花做私章。他们把它做成图样，或织进布料绣品，或打造成项链挂坠，佩戴在身上。

金雀花王朝前六位君主的主要私章都是这枝花。

当中只有两位为其添加过新的花样。

理查一世添了一枚‘星月章’，
爱德华一世则添了一朵‘金玫瑰花’。

理查一世是亨利二世的次子，因其勇猛的战绩与凶猛的脾气，被人称之为‘狮心理查’。

理查和他的大哥，那位不幸的‘少王亨利’一样，都继承了祖先杰弗里的美貌。

左：马修·帕里斯 《英吉利史：少王亨利与狮心理查肖像》 c.1250-9
右：马修·帕里斯 《英吉利史：加冕中的狮心理查》 c.1250-9

史官们说这兄弟二人长得极为相似，两人都身材高挑，有着一双湛蓝的眼睛和一头浓密的红金色头发[3]。而英挺的鼻子，宽阔的肩膀，更是让这两位王子的一举一动，都如日照金花一般，顾盼生辉。

不过兄弟俩的相像处，也就止步在容貌上了。

相较于哥哥亨利的风度翩翩，和蔼可亲，理查就直白多了。

他最不耐烦的事就是听别人费话。每当有臣子们开始拐弯抹角说话时，理查就会立马打断对方，并问他们到底是“是？还是否？”。#你就说Yes or No吧！#

这也是为什么他还有个绰号叫做‘是否理查’。

3
后世曾测量过，理查一世有6英尺5英寸，约1.96米高。

因为哥哥亨利的早逝，‘是否理查’最终成为父亲王位的继承人。

不过作为金雀花王朝的第二任君主，理查在位的10年间，统共也就去过英国两次。前后加起来不到半年。

当然，也有可能从小生长在英国的他，已经待够了这个地方。
总之他把登基后的大部分时间都花在了十字军东征上面。

理查一世似乎天生就有颗流浪远方的心。
永远在路上的他，与其说是国王，不如说是骑士。

不像许多君主都只是嘴上说说而已，理查是非常亢奋地在筹备东征这件事。为了十字军的军饷，他不仅不怕得罪人的到处征税加税，还卖官鬻爵，把所有手上能卖的爵位都拉出来了叫卖。

他曾对臣子们说，“如果价钱合适，我甚至愿意把伦敦卖掉”。

你可以说理查如此卖力是为了教廷。
但没人可以否认，这背后的原因也有不少是为了理查自己。

和兄弟们不一样，理查一世对待在宫廷这件事一直不是很感兴趣。相较于与人钩心斗角，尔虞我诈，他更倾向于把人直接打趴下。

哪怕做了国王后，他也很少过问王国的具体运营。而东征这个“崇高的事业”，更是把他从一国之君的繁琐责任中给解放了出来。让他可以正大光明地去远方、去征服、去探险。

自然而然，理查的私章也反映出了他的这个热情点。

他的‘星月章’便是取自那从东方传来的古老符号[4]。这个符号的确切名称是‘金星入月’，它代表着天上的神祇与地上的帝王。

不过当中的‘星’，很多时候也象征着天上的太阳。巴比伦与古埃及的文物上都可以看到这个图样。古罗马的皇帝们更是把它印到了硬币上。

这个符号到了中世纪时，在欧洲逐渐被人淡忘。只有在那些位于近东的十字军王国中，仍然能看到。而理查作为十字军的狂热钢铁战士，自然是对这枚‘金星入月’十分熟悉。

理查不仅把它采用成了自己的私章，他还把当中的‘星/日’与‘月’拆了开来，放到了自己的国王大印上。

另一位设计出了新私章样式的金雀花国王是爱德华一世。

爱德华一世是理查一世的弟弟，‘刻毒约翰王’的嫡系长孙。他的父亲便是约翰的大儿子，金雀花王朝的第四位君主，亨利三世。

4 所谓‘东方’，主要指的是中东，有时也被称之为‘古代近东’。

上左：狮心理查的‘星月章’
上右：佚名 《刻有日、月、星的界石》 1186-1172 BC
中左：佚名 《刻有‘金星入月’献祭版》 3世纪BC
中右：佚名 《狮心理查的国王大印》 1198
下：佚名 《举有星月旗的拜占庭战役》 c.1310-25

左：爱德华一世的‘金玫瑰’私章
右：J.W. 瑞特 《普罗旺斯的埃琳诺拉》 19世纪

不过爱德华这枚新添的私章，却来自于他的母亲，
那位普罗旺斯的著名美人——埃琳诺拉。

据说她的美，石破惊天，能让智者愚、痴者醉，
史官们都称呼她为那“美过五月天”的埃琳诺拉。

不过‘美’，对于这位远嫁而来的王后来说，不只是个形容词，它还是份家学。出生在著名美人世家的她，一门四姐妹，个个都是天香国色，每一位都有着无限的风情。

她们传奇的美貌让游吟诗人们歌颂不已，也让她们从区区伯爵之女，一跃嫁给了欧洲诸位掌权君王，戴上了诸多贵女们都梦寐以求的王后之冠。

马修·帕里斯 《英吉利史：从法国归来的亨利三世与埃琳诺拉》 1250-9

二姐埃琳诺拉更是在没有带分毫嫁妆的情况下，就嫁给了英国国王亨利三世。

原本亨利三世是想跟埃琳诺拉的父亲要20000银币的嫁妆的。

他前不久刚花了一大笔钱送嫁自己的妹妹，因此也想借自己结婚这个机会，填补一下财政上的窟窿。

#这就跟现代婚礼上收份子钱一个意思#

但亨利三世未来的岳父根本不准备花那么多钱嫁女儿。

他有四个女儿呢，要是每一个女婿都跟他要这么多钱，那他不得穷死。于是，深谙‘美貌即财富’的他，便给亨利三世看了埃琳诺拉的画像。

然后，亨利三世便点头了。并改口说，没嫁妆其实也行。
#毕竟谈钱多伤感情#

1236年1月14日，埃琳诺拉在坎特伯雷大教堂嫁给了亨利三世。

据到场的人描述，一身拖地的金丝锦缎衣裙，掐住了这位新王后纤细婀娜的腰肢，让她熠熠又挺拔，好似一枝金玫瑰，在华光中摇曳生姿。

为了纪念他这位风华绝代的母亲，爱德华一世便在登基后把‘金玫瑰’也做成了自己的私章。他的儿子爱德华二世也同样沿用了这个图样，并且还打造过一顶完全由‘金玫瑰’为样式的冠冕作为自己的日常佩戴。

不过私章真正兴盛起来，还是在爱德华二世的儿子爱德华三世的朝代。

爱德华三世自己就有好几个不同样式的私章。如银色的猎隼、白色的狮鹫、别致的‘日升云间’章等，花样极多。

国王喜欢鼓弄什么，臣子们自然也会跟着喜欢什么。

在爱德华三世的统治下，各路公、侯、伯、子、男等诸位爵爷，也都分分钟跟上。一时间，英国贵族们都开始大肆打造私章。

起先，这也不过是无伤大雅的玩意儿。

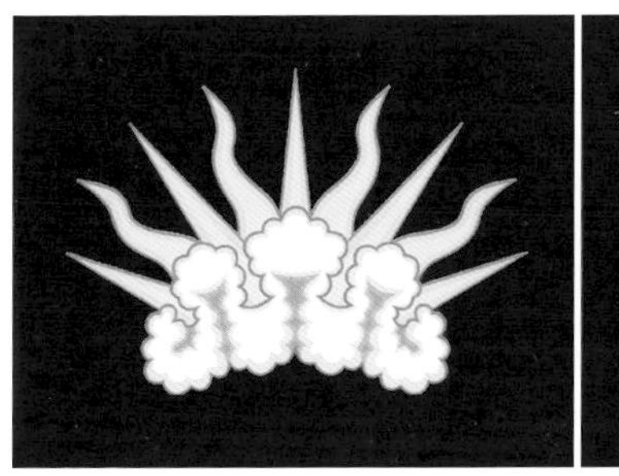

爱德华三世的‘日升云间’章和‘白狮鹫’章

爱德华三世这人特别喜欢举办各种比武大赛。

为了助兴，也为了能分清下场骑士们各自所属的家族，爱德华三世就呼吁大家在盔甲与旗帜上标明自己的私章图案。

#这就和现代球队的吉祥物差不多一个意思#

但慢慢的，大家用的地方就多了起来。

从宫廷聚会，到豪门奢宴，贵族们开始戴着他们的私章出入各种场合。他们身后的一串家臣、佣人、追随者们，更是时时刻刻地把主公的徽章挂在身上，以示忠心。

等到了爱德华三世之孙，理查二世的朝代，宫廷内斗愈发激烈起来。私章也随着贵族们的党派之争向下流通，在民众之间普及了开来。

#毕竟在招架时，支持者总是不嫌多的#

以前只不过是贵族身边的直系近臣们才佩戴，现在却连平民百姓都开始站队。那认识与不认识的，都以身上私章为标志的拉帮结派。朝中内斗最厉害的那几年，伦敦的街头上动不动就弥漫着一股黑帮要火拼的氛围。

为了整治社会治安，也为了压倒这股各占山头的歪风邪气，议会就私章这个问题撕扯了不止一次。下议院（也就是平民院）三番五次试图通过议案来废除私章佩戴的制度。

下议员们认为，“佩戴私章者，全身上下都是一股子嚣张跋扈，张狂与傲慢更是溢于言表，他们无惧做任何事情，并经常去非法恐吓其他民众……正是私章，给了这些人违法乱纪的勇气！”

因此他们强烈要求，从贵族到平民，大家都应该立即停止私章的发放与佩戴!

对于下议院的提议，上议院（即贵族院）给出的答案是：拒绝。

是的，贵族院的诸位王子公孙们，根本不准备搭理下议院这帮人。

一群龙子凤孙仍然是爱戴什么戴什么，有的甚至还很嚣张地给自己私兵们的制服上也绣上了私章图样。

刚开始理查二世还因为顶不住下议院的压力，摘掉了自己的私章。但后来发现根本没人响应他这个举动后，就又把摘下来的私章，给默默地戴了回去。

左：佚名 《理查二世肖像》 c.1390s
右：理查二世的‘金树桩’章

事实证明，理查二世要比他的爷爷爱德华三世还要迷恋私章。

尤其到了他统治的晚期，他更是大量地把自己的‘白鹿章’发给身边的死士们佩戴。

与爷爷一样，理查二世也搞了一堆私章的样式。

他常用的除了‘日辉太阳’章以外，还有从父亲黑王子那里继承来的‘金树桩’章。

他那英武又令人叹息的父亲，生前真正的名号不是‘黑王子’，而是‘伍德斯托克的爱德华’（Edward of Woodstock），这位王子的具体出生地便是在伍德斯托克宫——宫名‘Wood-Stock’意译的话，便有树桩的意思。

不过所有的私章中，理查二世最心爱的还是他那枚‘金角白鹿’章。

这只‘白鹿’的来源众说纷纭。

有的说白鹿取自理查的母亲，那位曾迷倒过万千男士的‘美人儿琼恩’蓄养过的一只秘兽[5]。

有的说，牡鹿为‘Hart’，是理查名字‘Richard，Rich-Hart’的谐音。

不过也有人说，这只白鹿源于温莎森林中的一段往事。

·

曾经有一位叫做赫恩的男子，是温莎一代有名的猎人。他过人的狩猎技巧，以及精准的百步穿杨箭法，都令人称赞不已——人们管他叫“神猎手赫恩”。

他这身出色的本领，很快就让他受到了国王理查二世的青睐。据说理查每次狩猎时，都会钦点赫恩来伴驾。赫恩也很珍惜这份荣誉，每一次都会竭尽全力地帮理查捕捉各种珍禽异兽。

不知哪一月的哪一天，温莎森林中，突然出现了一头成年白鹿。它的皮毛比月光还皎洁，鹿角比树枝还雄壮，是头难得一见的漂亮鹿王。见过它的人都说，再也

5 理查二世父母‘黑王子’与‘美人儿琼恩’的故事，将在本系列《珠宝传奇IV》中出现。

左：约翰·费舍 《赫恩的橡树》 1862
右：理查二世的‘金角白鹿’章

没有比它更优美壮丽的生物了。

理查得知后，便几次带人前往林中，欲图抓住这只白鹿做猎物。但他实在不是一个很好的猎人，以至于每次白鹿都能有惊无险的逃脱。

这头白鹿就这样成为理查的执念，以至于在又一次的狩猎中，他都没有发觉自己已经被它引诱到了森林的最深处。

这里阴暗，幽森，还有一株参天的橡木树，盖住了所有阳光。

理查此时才发现，只顾着一路追逐猎物的他，与众人都走散了。只有赫恩一人还紧跟在他身边。

以及，那只终于肯停下来回头看他的白鹿。

可就在理查翻身下马准备射杀这头漂亮的畜生时，白鹿忽地低下了头，并全速向理查冲刺而来。

被惊到了的理查二世，身体完全僵住。

眼看这位国王就要被白鹿那长似尖叉的鹿角给刺中时，一直追随在后的赫恩猛地扑了过来。他用自己的躯体替主公挡住了这致命的一击。此时方缓过神来的理查，急忙跑向森林外去搬救兵。

然而赫恩知道，一切都为时已晚。他的肚肠已经被鹿角戳破了。

但就在他痛苦等死之际，一个身披黑色斗篷的人出现在了他面前。

斗篷人说他可以治疗赫恩的伤势，但作为交换，赫恩要把自己最宝贵的东西献给他。危在旦夕的赫恩，想也没想便答应了对方，他说他愿意付出任何代价。

刚说完，赫恩就发现身上的疼痛不见了。而那个神秘的斗篷人，也跟着消失了。没有多想的赫恩，便再次起身回到了理查的队伍中。理查虽然很震惊他神奇的愈合，却也很欣喜自己得力的猎手并没有就此丧命。

可是很快，赫恩就察觉出了不对。

他几次跟着理查狩猎，都没有猎到猎物不说，自己那曾百发百中的箭法，也失了准头。

原来，那个斗篷人取走的报酬正是赫恩最引以为傲的狩猎功夫。

渐渐的，赫恩不再被理查传唤。
他随王伴驾的资格也慢慢被其他猎手取代。

国王身边是容不下无用之人的。而一个不再能狩猎的猎人，还有什么用？理查当然很感激他救了自己的性命。但经验告诉我们，恩情总是比仇恨更容易让人遗忘。

赫恩现在后悔了。

他没有想到，失去自己生命意义与热情的日子，是这么的难熬。

看到理查已经忘记了他，看到自己逐渐被边缘化，陷入绝望的赫恩，在一个月光幽暗的夜晚，再一次走进了温莎森林。

他走啊走，走到了那棵巨大的橡木树下。

然后，随着树枝在夜风中的轻荡，
赫恩也把自己吊死在了那橡树杈上。

但人们说，这位神猎手并没有真正离开温莎森林。

怨念与不甘，让赫恩仍逗留在了这个世上。

成了幽灵的他，每一晚都会骑上黑马，
戴上鹿角，在温莎森林中捕猎。

乔治·克鲁科山 《狩猎中的鬼魂赫恩》 c.1843

只不过这次他猎杀的对象不再是动物，而是那些不幸走入林中的路人。可事实上，再多血腥的纠缠，也掩盖不住赫恩灵魂中的凄凉。

他边狩猎也边叹息，他说，“吾王忘我！”
（*My lord has forgotten me!*）

那些听到他嗟叹的人，在惧怕的同时，也忍不住可怜他的下场。

理查二世知道后，为了安抚赫恩的亡灵，也为了表明自己并没有遗忘，他把那只让这一切缘灭缘起的白鹿，打造成了皇家私章，不分日夜，戴在了身上。

至此，赫恩的鬼魂才平息了下来。

踏着月光，他又一次回到了森林深处。
从此只有王室有难时，他才会再次现身，来警示英国的诸王。

当然，这应该只是一段乡野闲人们的怪谈奇说罢了。

不过理查二世在所有私章中，最钟意这个‘白鹿章’确是事实。他在位期间的许多手稿与宫殿建筑上，都能看到这只白鹿的形象。

在他那幅著名的《威尔顿双联画》中，理查二世身穿的便是绣满了白鹿纹的赤金衣袍，跪在了三位圣人面前。画中的他，朝向另一扇画面中的圣母、圣子与众天使们，祈求他们的保佑，也昭告天下他王位的神权天授。

这件作品画于理查二世执政的末期。

此时因为发妻安妮王后的突然薨逝，理查的性情变得极为不稳定。官员们都发现，理查本来就执拗的性子，现在是更加的偏执。

就是在这段时间，理查下令要求所有的臣子在称呼他时，一律用敬称“王上陛下”（*Royal Majesty*），来取代之前简单的“殿下”（*Highness*）两字。

和祖父爱德华三世不一样，理查二世不相信臣子与君王之间的“互惠互利”，他也不想听这些人给他提什么建议。他要的是不可挑战的绝对权威，是无须解释的彻底服从。

换句话来说，他要的只比上帝少那么一点点。

史官们记载，在理查二世统治的最后那几年里，英国宫廷的氛围是越来越凝重。

理查有时可以坐在王座上，几个小时都一言不发，意图用沉默来给朝臣们施加压力。百官都得看理查的眼色行事不说，还得时刻察觉着他的目光——这位国王望向谁，谁就得立即向他低头行礼。

那些没有做到的人，会立马被‘请’出宫廷。

这也是为什么，后来当理查的堂弟亨利造反时，英国境内都没有几个贵族去认真地反对亨利。毕竟谁也不想天天活在理查二世制造出的这种白色恐怖中。

理查一生都在竭尽全力地把自己放在一个超然的位置。

他想像圣母与圣子那样，高高在上，俯瞰众生。
他坚信普天之下皆是凡夫，只有自己才是神灵天选的君王。

《威尔顿双联画》更是直截了当地映照出了理查这份自大的癫狂。

在这幅合上后还不到半米长的作品中，我们就能看到不下38只理查的私章‘白鹿’。

除了他袍子上绣着的那些白鹿花纹外，画中的天使们也都在胸前别上了理查二世的白鹿徽章，以此来显示国王理查的‘支持者’也聚集在天堂。而这些天使们脖子上所戴的金雀花样式项链，更是进一步向我们强调着这点。

理查的脖子上也戴着这条祖传的‘金雀花章’，只不过相比天使们，他的项链中添加了不少宝石和珍珠。

然而，他身上最华丽的佩饰，还要属胸前那枚‘金角白鹿’。

这位现在已不知姓名的珠宝匠人，非常巧妙地用白色珐琅做鹿身，黄金做鹿角，祖母绿做鹿臀下的青草。并作为点缀，还再在每一个鹿角尖上，镶上了一颗珍珠。

当然，这不是‘白鹿章’唯一的宝石组合。

理查二世叫珠宝师们给他用不同的彩色宝石打造过好几版‘白鹿’珠宝，其样式之精美奢华，在他生前便闻名于整个欧洲贵族圈。

哪怕在理查死后，‘白鹿章’被亨利四世禁用，也依然有不少识货的贵族以收藏艺术品的心态托人收购理查的各款白鹿章。

后来那位以风雅品位名满欧洲的勃艮第公爵‘大善人菲利普’就曾收过一枚。

据菲利普的清点官记述，他收的这枚‘白鹿章’上嵌有1颗红宝石、2颗蓝宝石、22颗大小各异的白色珍珠，还有数颗不同颜色的尖晶石，以及，一枚巨大的钻石做鹿的肚身。

菲利普极其喜爱这只‘钻石小白鹿’，廷臣们说他时不时就会拿在手中把玩一番。

可惜的是，这些有着各色华彩的‘宝石白鹿章’一枚都没有留传下来。我们如今只有在《威尔顿双联画》的背面，还能看到它们除去宝石后的大致模样。

佚名 《威尔顿双联画》封面与封底 c.1395-9
下一页便是《威尔顿双联画》打开后的内页双画

画中，被王冠锁喉的白鹿，有着一对金色鹿角，上有14个尖头；微挺着优雅颈项的它，坐卧在草坪上，臀下还垫着一席迷迭香。

而迷迭香正是安妮王后私章上的花草。

说来，人最心爱的动物总是和自己很像。

金雀花王朝这位最后的嫡系君王，
也好似他的白鹿一样，壮丽又脆弱；

过于骄傲敏感，也过于纤细柔和。

那么无知，那么无助。一生华贵又悲凉。

* 红玫瑰与白玫瑰 *

红白玫瑰其实都是金雀花的副支。

细究起来，两朝君王们的家族姓氏仍然还是‘金雀花’。所以严格来说，理查二世之后的红白玫瑰王们，名义上统治的还是‘金雀花王朝’。

但后世学者文人们为了方便区分，便称兰开斯特一支为‘红玫瑰’，约克一支则为‘白玫瑰’。

相较于传承了245年的嫡系金雀花王朝，红玫瑰与白玫瑰王朝就短多了。

红玫瑰共有三位君主，白玫瑰亦是。

红玫瑰传了父、子、孙三代——不得安眠的亨利四世、勇猛的亨利五世、温吞的亨利六世。

白玫瑰一朝中，辈分则挨得更近。

因为叔叔篡了侄儿的位，所以算起来不过是兄与弟，父与子三人——英武的爱德华四世、消失的爱德华五世、篡位的理查三世。

红白两朝加起来也不过只延续了86年，但这几位的私章花样却一点也不见少。

以下，便是他们各自私章背后的故事。

红玫瑰：我的盛名与凄惶

相比白玫瑰家族，红玫瑰与金雀花嫡支血脉的联系更加密切。

第一任红玫瑰王，亨利四世，是理查二世的同祖父堂兄弟。

亨利四世父亲——同时也是第一任兰开斯特公爵——‘冈特的约翰’正是理查二世的三叔。他与理查的父亲‘黑王子爱德华’乃是同父同母的亲兄弟。

亨利四世在继承了理查二世王位的同时，也继承了他的许多私章。

当然，‘白鹿章’并不包括在内。

理查的‘金角白鹿’实在是太深入人心，任何人看到都会立马想到理查二世。亨利四世压根就不想再见到这个图章形象。

他甚至下令，王国内任何人都不得再佩戴‘白鹿章’！

可惜在这阳奉阴违的世道，永远不缺人顶风作案。
有不少得过理查二世恩惠的人，仍在悄悄佩戴。

有一位理查的死忠仆人，更是非常大胆地当着亨利四世的面，把‘白鹿章’给别在胸上。亨利说了他几次，他都不肯摘下来。面对这种硬骨头，亨利四世也没办法，只能把他给关起来，求个眼不见心不烦。

除‘白鹿章’外，其余那些从理查处继承来的私章，其实大部分都传自这对堂兄弟共同的爷爷，爱德华三世。

不过亨利四世也新添了不少对自己更具意义的私章图样。

当中，除了最深入人心的‘红玫瑰’外，还有他认为能给自己带来好运的‘狐狸尾巴章’、代表了他早年丧妻之痛的‘漏斗花章’，以及从妻子家族那里继承来的‘金角羚羊’和‘金链天鹅’章。

说起这‘金链天鹅’，可不是随便什么人都可以用的私章形象。人们说，只有那些流淌着“天鹅骑士”血脉的贵族，才有资格佩戴它。

·

相传，在很久很久以前，那个十字军刚刚开始东征的年代，有过一位英俊潇洒的骑士。他不仅相貌不凡，还很神奇地让一只拴着金链的天鹅为他拉动舟船。

塔尔伯特大师　《天鹅骑士》　c.1444–5

有一次，在他乘坐着这艘天鹅小舟时，
偶遇了一位有着高贵出身的少女。

只见岸边上，这位容貌秀丽的姑娘，正在哭泣。
骑士便问她，因何而不悦?

那少女便把自己的悲惨经历娓娓向骑士道来。

原来，她本是此地领主家的小姐，父母死后，本要继承家族城堡与无数财富。但谁知她那叔叔竟起了歹心，不仅霸占了她的遗产，还要对她赶尽杀绝。为了躲避叔叔一众的追杀，她不得已躲进了林中。

骑士一听，便从天鹅船中一跃上岸。就像一位称职的骑士，他带着少女回到了她的城堡，不仅打跑了邪恶的叔父，还夺回了她应有的财产。

早已爱上了他的英勇与正直的少女，决定以身相许，嫁给这位骑士为妻。骑士也爱上了少女。但他身上有个秘密，一个禁忌——他永远不能告诉别人他是谁，又到底来自哪里。

于是他便对少女说，他们成婚可以，
但她却绝不能问自己的姓名、家族与来历。

少女答应了他。

她说我爱的是你的灵魂，而不是你的姓氏，你的过往对我来说并不重要。两人就此开心地准备起了婚礼。他们不知道的是，少女的叔父并没有死心。他早已贿赂了一位邪恶的巫婆，来诅咒侄女这场婚礼。

巫婆就这样把怀疑的种子埋进了少女的心里。

终于，就在两人要成婚的当晚，少女没有忍住，鬼使神差地还是开口问了骑士的姓名。可她一问出口，便后悔了，并恳求骑士忘记她刚刚的问题。

但骑士没法忘记，这是他身上的诅咒。他只能和少女黯然地道别。

又一次骑士登上了他的天鹅小船，
顺着河流而下，就这样，渐渐地消失在了暮色中。

·

这个故事版本后来还被瓦格纳改编成了歌剧《罗恩格林》。

不过很显然，少女与骑士在离别前，曾有共享过枕席。
11世纪的耶路撒冷国王戈弗雷，就有声称是他们二人的子孙后代。

这也是为什么，所有戈弗雷的宗族后代，都有权力在自己的家徽上放置这只‘金链天鹅’，以此来显示他们那古老且传奇的出身。

亨利四世早逝的结发妻子，玛丽·德·博恩的家族便是这其中的后代之一。很有意思的是，玛丽与亨利的相遇也和‘天鹅骑士与少女’有着异曲同工之处。

玛丽·德·博恩是博恩家族的二小姐。

父亲早逝后，她与姐姐成为父亲庞大家产的唯二继承人。

左：亨利四世的‘王冠天鹅’章
右：佚名 《博恩家族墓棺上的石雕‘王冠天鹅’》 14世纪

可是贪心的姐姐却想独吞掉整个财产。

姐姐便与自己的丈夫合谋，欲图逼迫妹妹加入修道院，成为修女。这样一来，所有俗世间的富贵，就都可以由姐姐继承啦。

不过这世上有着万贯家财的女继承人们永远都是不缺人来拔刀相助的。

就在玛丽快抵抗不住压力，真的就要成为修女时，兰开斯特公爵，那位人称‘冈特的约翰’带家臣把她给救了出来。

如此侠义之举，自然是要以身相许的。

不过不是许给兰开斯特公爵，玛丽相许的对象是这位公爵的嫡子——亨利。是的，从一开始兰开斯特公爵就是秉着给儿子挑媳妇的心去救的玛丽。毕竟这么有钱，又无父无母无兄长的贵族小姐，可是不好找呢。

佚名 《登斯塔布天鹅》立体雕塑珐琅镶金 c.1400

从那之后，玛丽便与大她两岁的亨利一起生活成长。

两人不仅青梅竹马，门当户对，也十分幸运的情投意合。

玛丽一共给亨利生了四个儿子与两个女儿。当中大儿子亨利，便是后来继承了父亲王位的第二任红玫瑰王——亨利五世。

亨利五世与父亲亨利四世一样，都把‘金链天鹅’当作自己重要的私章。

现今仍存于大英博物馆的那件“登斯塔布天鹅”立体雕塑珐琅，就被一些学者认为是亨利四世为当时还只是太子的亨利五世定做的私章吊坠。

这枚天鹅虽不是私章珠宝中的上上品，却也做工精致，且很有灵气。脖子上锁着一顶金链王冠的它，有着金喙金蹼，雄赳赳气昂昂，不管从哪个角度看，都十分有气场。

除了父母的‘天鹅章’外，亨利五世还把一束正在燃烧的烽火添成了自己的私章图样。

据说‘烽火章’更多是他在行军打仗时才会佩戴。

事实上，戎马一生的亨利五世，也的确见识过不少人间烽火。像他的金雀花祖先们一样，亨利五世也是一位格外骁勇善战的君主。

有人甚至说，他比‘狮心理查’还要勇猛。

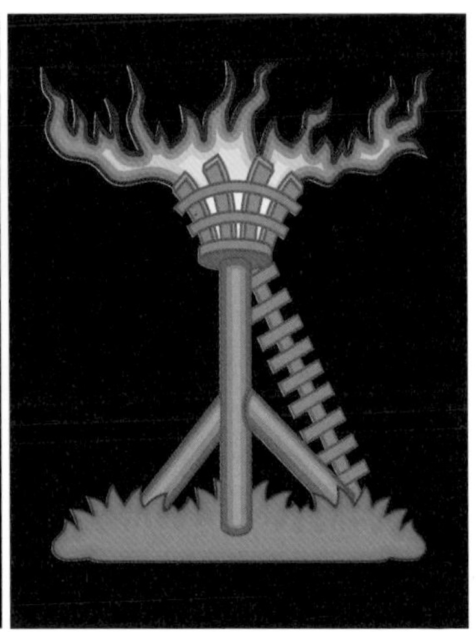

左：佚名 《亨利五世肖像》 16世纪晚期
右：亨利五世的‘烽火章’

在与法国的百年战争中，正是亨利带领英军反败为胜、节节猛攻，才杀得法国人丢盔弃甲、哭爹喊娘。最后法王查理六世在他武力的逼迫下，不得已下诏昭告天下——废弃太子，并改立亨利五世与其后代为王位合法继承人。

可惜再神勇的战士，也无法击败死亡。

1422年8月31日，年仅35岁的亨利五世突然驾崩。无人知道死因。
两个多月后，法国的查理六世也随之崩逝。

时也，运也，命也。
就因先后差了这几月，亨利五世与法国王位便永远擦肩而过。

也许真如莎翁说的那样，他亨利五世：

因盛名太过，以致不克永年。
Too famous to live long.

早逝的亨利五世只留下一子，也就是最后一位红玫瑰国王，亨利六世。

亨利六世在位期间所用的私章，全部都传自祖先。

没有添加过任何新私章的他，常用的除了‘红玫瑰’外，还有祖母玛丽·德·博恩的‘金链天鹅’与‘金角羚羊’，以及从祖父亨利四世那边继承来的那能口吐火焰的‘斑点彩豹’。

与父亲不一样，这位不到9个月便登基，从小就被捏在摄政王与众朝臣手中的亨利六世，是一个羞怯、天真、被动、平庸、爱好和平甚至到了软弱地步的国王。与其做一位君主，他其实更适合做一个日出而作、日落而息的平民。

可想而知，英国朝政在这位国王的统治下，被搞得一团糟。

也正是在亨利六世的朝代，
英国爆发了史上最严酷的内战——玫瑰战争。

战争是以他的名义开启的，却并没有因为他的死而终结。

说来他也只不过是一个被命运放错了位置的可怜人罢了。

他在被白玫瑰们囚禁在伦敦塔中时，曾写下过一首诗。

它虽不是什么惊才绝艳之作，却也是亨利六世难得的肺腑之言：

王国不过是牵挂
邦土也并不能栖身，
财富是蛰伏多时的陷阱
迫不及待地准备从荣转衰，
欢乐是扎手的密刺
这恶习总是不停地在挑拨；
刹那的排场，燃烧的盛名，
权力的炙热与硝烟。
让任何试图挪动这潭泥石的人，
都将深陷其内，
不管如何逃脱，最终也会，
被那泛滥的洪水吞没。*

Kingdoms are but cares
State is devoid of stay,
Riches are ready snares,
And hasten to decay
Pleasure is a privy prick
Which vice doth still provoke;
Pomps, imprompt; and fame, a flame;
Power, a smoldering smoke.
Who meanth to remove the rock

Owst of the slimy mud
Shall mire himself, and hardly scape
The swelling of the flood.

可怜这位襁褓间便坐在了宝座上的人间君王，一生迷茫又凄惶。

佚名 《让·德·瓦夫林英国编年史：小亨利六世的加冕仪式》 15世纪

*此为笔者自译版本，若引用请注明出处

白玫瑰：我的辉煌与劫数

白玫瑰家族经典的几个私章都有个特点——它们不管模样如何，皆以白色系为主。

第一任白玫瑰王，那位英俊高大的爱德华四世，在父亲被害后，从父亲那里不仅继承了约克公爵的封号，还有世代约克公爵们的‘镣锁银隼章’。

说起来，这‘银隼’最早是被镣锁给牢牢圈锁在其内的。

登基后的爱德华，因觉得他约克家的王位得来的实在不易，便叫人把此章中的‘镣锁’给改成了打开后的样式。这样一来，展翅的银隼，终于挣脱了禁锢它的枷锁，好比他们约克一族，历经千辛万苦，才得到这顶王冠。

不过相比‘镣锁银隼’，爱德华更钟爱他的另一个私章——传自他祖母安娜·莫蒂默的‘白狮章’。

安娜·莫蒂默的一生短暂又乏善可陈。
但她却有一项值得一提：她的血统。

安娜的祖母费丽帕·金雀花乃是爱德华三世第二子‘安特卫普的莱诺’之独女，而安娜·莫蒂默正是爱德华三世的玄外孙女。

这血缘乍一听有点远。但所谓远近，都是相对的。

因为若是认真算起来，红玫瑰一族只是爱德华三世第三子‘冈特的约翰’的后代。而理论上讲，‘莫蒂默’的后裔们作为第二子‘莱诺’的唯一血脉，是要比红玫瑰们更有王位优先继承权的。

当然，如果红玫瑰一支，长长久久的都有像亨利四世与五世这般强硬的君主做领头人的话，那么这的确也只不过是一个理论罢了。

可谁让命运就是爱挑事儿呢。

唯恐天下不乱的‘她’，
毫不犹豫地就把亨利六世给送到了这世上来。

可以说，父祖们有多彪悍，亨利六世就有多怯弱。

他就像是诞生在王冠上的一束火把，
一生使命似乎就是为了要点燃红白玫瑰间的战火。

左上：爱德华四世的‘莫蒂默白狮章’
左下：爱德华四世的‘镣锁银隼章’
右：佚名 《文森·伯瓦卷轴：爱德华四世白狮章与族徽》细节 c.1478–80

之后的结果我们也都知道了。老约克公爵含恨死在了维克菲尔德平原，爱德华为父报仇，推翻了红玫瑰王朝，亨利六世逃亡海外，并再次陷入癫狂[6]。

虽然爱德华四世的上位方式与当年推翻了理查二世的亨利四世在本质上没有什么区别——两人都是以武犯禁的篡位者。但爱德华完全不这么认为。

他觉得自己一家才是受害者ok，王位本来就应该是他约克家的！

6 英国‘玫瑰战争’与珠宝的具体内容请看下册《璀璨的哀愁》

为了彰显他白玫瑰一族才是正经血脉传承的英格兰之王，爱德华四世便爱时不时把莫蒂默族的‘白狮章’拿出来赏人。

他希望这枚‘白狮’可以时刻提醒着众人，自己王位的名正言顺。

当中，爱德华四世的宠臣约翰·多恩爵士更是十分捧场地把自己佩戴‘白狮章’的模样给画了下来。

那时正在勃艮第宫廷出差的多恩，请来了当地著名画家汉斯·梅姆林为自己作了一幅《圣母子三联画》。

在这幅画中，圣母与天使正坐在中央，跪在圣母左侧的是多恩，右侧的便是多恩的妻子伊丽莎白·黑斯汀与他们的女儿。站在这对夫妻身后的则是他们各自的主保圣人——拿剑的圣·凯瑟琳，与托塔的圣·芭芭拉。

而挂在多恩与妻子胸前的那枚吊坠，
便是爱德华四世赏赐的‘白狮章’了。

与大英博物馆的那枚“登斯塔布天鹅”章一样，这枚‘白狮章’的身体也是由立体珐琅铸造而成的。不过画中的‘白狮子’更华贵——在它轻提的右爪上，嵌的正是一枚艳丽的红宝石。

不过要说到爱德华四世最心爱的私章样式，那么还要属多恩这条链子上那反复出现的‘白玫瑰’与‘辉煌太阳’了。

‘白玫瑰’对爱德华的重要性自不必说，但‘辉煌太阳’于这位国

汉斯·梅姆林 《多恩圣母子三联画》 c.1478

左：佚名 《文森·伯瓦卷轴：爱德华四世辉煌白玫瑰章》细节 c.1478-80
右：爱德华四世的‘辉煌白玫瑰章’

王而言，意义也十分不凡。可以说，相比‘白玫瑰’，这轮‘太阳’的来源更具有宿命般的传奇色彩。

那时的爱德华四世才18岁。前途一片渺茫。

刚刚接到父亲惨死消息的他，在从威尔士撤军时撞上了红玫瑰军的大部队。悲愤交加的爱德华，下令全军就地驻扎，背水摆开战阵——他一刻也不想等，要在此地与红玫瑰们决一死战！

将领们都劝爱德华不要恋战，毕竟红玫瑰军的人数远超他们不说，他们本身所处境地也并不占优势。背后就是山谷与河流的他们，很容易被敌军瓮中捉鳖。

很明显，‘地利’与‘人和’都不站在爱德华这边。

然而这位年轻的白玫瑰用实力证明了，当‘天时’站在你这边时，你完全不需要在乎‘地利’与‘人和’。

那天是1461年2月2日，破晓时分。

只见天边升起了三个太阳。

随着它们的攀升，这三颗太阳由三转一，
然后在升到当空时，再次合成了一轮金日。

爱德华把此异象当作了上天赐予他的吉兆。

他向士兵们高喊，这三颗太阳是圣父、圣子、圣灵在向天下宣告，他们此战必胜！

就像一场自我实现的预言。身处逆势的白玫瑰们，真的神奇地以少胜多，杀得红玫瑰们丢盔弃甲、落荒而逃。

这一战也让18岁的爱德华名扬天下，成为民心所向的那个天选之王。

从那以后，爱德华便把‘太阳’印在了自己所有的旗帜上。

有时‘太阳’还会和‘白玫瑰’的形象合二为一，变化成爱德华最具有标志性的‘辉煌白玫瑰’章。

不过，关于那天的幻日景象，也有过另一段预言。

有人说，曾听到吉卜赛人们在传唱：

Three Suns of York,
Mighty they shall,
And Mightier they Fall.

约克家的三个太阳，
他们壮观的升起，
但更加壮观的是他们的跌落。

这段预言的双关词在太阳‘Sun’。

英文中‘Sun’与儿子‘Son’的发音一样，因此后世在解读这段预言时，通常便把那“三个太阳”理解成为约克家最后存活下来的三个儿子：爱德华、乔治与理查。

而这三位，无一善终。

最先跌落的是乔治公爵。

因为不满哥哥爱德华一直偏心王后一家，也因为哥哥总是要压着自己的婚事不松口，觉得自己接二连三被亏待了的乔治，在偷偷娶了表哥沃里克的大女儿后，竟与这位表哥岳父联手，妄图推翻爱德华四世的统治。

自然，他们没有成功。个中缘由种种，不在此赘述。

结局就是，人称‘造王者’的沃里克在叛乱中被杀。乔治……却活

右：佚名 《理查三世》 c.1520

中：佚名 《爱德华四世》 c.1540

左：卢卡斯·科内里斯·德·科克 《乔治·金雀花，克拉伦斯公爵》 c.1593

了下来——在母亲与弟弟理查等一众亲戚的劝慰下，爱德华最后还是赦免了乔治。

可是人心中的刺，一旦种下，再想拔除就很难了。

人们都说乔治公爵是约克一家中长相最精致亮眼的王子。
他的身量虽然没有大哥高，却也是自有自的风流俊俏。

然而这位风流俊俏的乔治公爵，很显然不是最聪明的。

那之后，乔治也就消停了没几个月，便又开始作天作地。

他一会儿嚷嚷着自己老婆被人毒害，一会儿又叫嚣着让人闯进议会指桑骂槐，再一会儿又闹着要迎娶勃艮第的新晋女公爵为妻。

他上蹿下跳，没个安生，天天变着法子地折腾，闹得最后爱德华忍无可忍，直接把他给关进了伦敦塔。连审判都没让他出席，便定下了他的“谋逆罪”。

这次爱德华四世是铁了心了，谁劝都没用。他一定要弄死乔治。他认为自己没下令让乔治当众斩立决，就已经是留给这个弟弟最后的温柔。

乔治具体是怎么死的，史官们一直都讳莫如深。

传言是，1478年2月18日晚，爱德华叫人把乔治最喜欢的马姆齐葡萄酒搬了一大木桶到乔治面前，说是请他喝个够。

当晚，乔治便因“失足”淹死在了这个木桶中。

不过爱德华做梦也没想到，终于拔掉了眼中钉、肉中刺的他自己，也没几年好活了。

这位身高一米九，曾一手推翻了红玫瑰王朝，仿佛总是有着无限精力的白玫瑰王，在6年后的复活节宴会上，突然倒下。年仅40岁。

没人知道他的死因到底是什么。
许多人甚至揣测这是一场敌国的毒杀。

但我们可以确定的是，他的骤然离世，也再一次让英国陷入危机。

是的，白玫瑰一族本来一片大好的形势，
因为爱德华四世的驾崩，变得极其不明朗。

爱德华有两个儿子。虽然一个12岁，另一个才10岁，但大家都说这两个孩子聪颖早慧，假以时日必成明君贤主。因此爱德华在世时，人人都坚信白玫瑰王朝会盛世永固，千秋万代的。

为了保证这一点，爱德华四世临死前还特意把两个孩子托孤给了自己最后的弟弟理查，求他照看两个侄儿，并留下遗诏，册封理查为摄政王护国公。

可惜，他所托非人。

在哥哥爱德华驾崩后不到一个月，理查便把侄儿以保护之名锁进了

约翰·埃弗里特·米莱斯 《塔中王子》 1878

西奥多·休德布兰特 《爱德华四世的王子们之死》 1835

伦敦塔。

两个月后，议会宣布先王爱德华与王后的婚姻作废。

他的两个儿子也就这样从嫡出变成了庶出。

而理查作为爱德华胞弟，就此顺位成为了王位的“正统”继承人，世称，理查三世。

从那以后，再也没有人见过那两位小王子。

有的说，他们在欲图逃跑时，被塔中的仆人推下了楼梯，摔死在了塔底；有的说，他们是在睡梦中，被理查三世的杀手用枕头闷死在了塔里；也有的说，两人中，有一人未死，哥哥以身挡刺客，让忠心的仆人保护弟弟逃了出去。

但这些终究也只不过都是猜测罢了。

没人知道他们真正的去向，也没人知道他们的下场。

这便是英国历史上著名的“塔中王子谜案”了。

当中的哥哥，随父名，也叫做爱德华。

这位爱德华，虽然没有被加冕，却因为是父亲爱德华四世的第一顺位继承人，便也被后世追尊为爱德华五世。

很显然，爱德华五世没有什么机会去考虑自己的私章形象。后来的纹章史学者们在他的盾牌上，也不过是沿用了其父爱德华四世的‘镣锁银隼’以及‘白玫瑰’章。

不过他的那位小叔，理查三世则不一样。

登基后的理查，一上来就弃用了哥哥爱德华四世的‘镣锁银隼’和‘白狮子’章。取而代之的，是理查在做王子时便开始佩戴的‘金鬣白野猪’章。

一位王子，选择‘野猪’做自己的私章，乍一听非常地放飞自我，且十分不符合王室高贵冷艳的形象。

但这其实是一个字谜。

古英文中的‘野猪’一词是‘Bore’，改变字位顺序后便会变成‘Ebor’。它是约克一族‘York’的拉丁文写法。

左：威廉·布莱克 《理查三世与鬼魂》 c.1806
右上：理查三世追随者所造的金铜‘野猪章’，15世纪
右下：理查三世的‘金鬃白野猪’章

理查三世其实是个有大抱负的人。难得的是，他还极具才干。

他做公爵的那些年，英国北方就被哥哥交给了他打理。正是在他的管制下，北方从爱尔兰到约克郡，都变得服服帖帖、蒸蒸日上。

可越是有才干、有抱负的人，就越不能屈居人下。

自己哥哥在位也就算了，但若叫理查向一个12岁的稚子低头，却是万万不能的。

于是冒着天下之大不韪，理查篡位了。

威廉·荷加斯 《加里克扮演的‘从噩梦中惊醒的理查三世’》 c.1745

他的手段并不光彩。

但与所有枭雄一样，他觉得只要结果足够好，过程就并不重要。

毕竟他与哥哥乃是同父同母之子，一条血脉的传承，戴上王冠本就是他命中注定的荣耀。他现在取侄儿而代之，又有何不可？

理智到冷酷的理查三世，低估了世人对弑杀幼子这件事的鄙视与愤怒。身边人陆续揭竿而起。许多寒了心的贵族，就此开始向红玫瑰一派靠拢。

不过与哥哥一样骁勇善战的理查三世也并没有在怕的。

他在成功镇压了白金汉公爵的叛乱后，更是剑指亨利·都铎——红玫瑰一族如今的领袖也是远房的后裔——带着12000人的白玫瑰大军，在博斯沃思平原上与亨利·都铎对峙军前。

那一战，是红白玫瑰们的最后一场大战。

史官们说，理查三世，头戴王冠，身披盔甲，
一路杀得老辣又英勇，所经之处，无人能敌。

然，是宿命，也是劫数。

就在理查与亨利·都铎只有一剑距离，马上就可以斩下这位死敌的项上头颅时，他胯下坐骑，忽陷前蹄，折倒在了都铎面前。

长嘶长叹，一代枭雄理查三世，就这样被蜂拥而至的红玫瑰军们给砍成了肉泥。

光头颈这一处，便被砍了十一板刀斧。

随着理查的倒下，白玫瑰王朝便也就此落幕了。

这之后，就是都铎玫瑰们的天下了。

到头来还是白忙活一场，为了那他人做了嫁衣裳。

不知理查在泉下会不会太过悲伤?

但想必也有欣慰之处，毕竟世人迄今都还在传颂歌唱，他那壮烈又辉煌的死亡；

一如当初预言的那样。

都铎玫瑰：我的伟大与苦楚

亨利·都铎，史称亨利七世，是红玫瑰一族的远房后裔。

从他起，英国王室便不再姓‘金雀花’了。

但说是‘远房’不如说是‘私房’。

这位亨利出身虽然显赫，身体里也的确流着王族的血液，但如果拿起族谱细看的话就能发现，他的这份‘高贵’中总是透着那么几分虚。

在红白玫瑰这场大战中，亨利·都铎是站‘红玫瑰’这一方的。

他的母亲玛格丽特·博尔福特的曾祖父，正是第一任红玫瑰王亨利四世的父亲——兰开斯特公爵，‘冈特的约翰’。虽然同出一个父源，但亨利四世其实在心里并不准备认下这群博尔福特们。

上：亨利七世的‘金吊闸’章

下左：佚名 《博尔福特手稿：‘金吊闸’与‘红玫瑰’》 15世纪晚期

下右：佚名 《亨利七世母亲，玛格丽特·博尔福特》 16世纪

原因很简单，他们不过是亨利四世的父亲与情妇所生的孩子。

虽然后来这位情妇在产下子嗣的20年后，也正式补嫁给了‘冈特的约翰’。但在亨利四世心里，这种先上车后补票的行为，根本不算数。这也是为什么，哪怕身体里也流淌着‘金雀花’的血液，博尔福特们也仍然只能被叫做博尔福特的原因——私生子们都不能冠以父姓。

为了进一步表示出自己与这群庶出弟弟们不一样，亨利四世还曾颁发诏书，昭告天下：不允许任何博尔福特及其后裔继承英国王位。

只不过那时的他也想不到，
自己的红玫瑰王朝不到三代就被颠覆了。

而在随后几场玫瑰大战中，那些正统红玫瑰子嗣们，死的死、殇的殇。最后，也就剩下博尔福特家的这个外孙——亨利·都铎，还扛着红玫瑰的大旗了。

这真是千防万防，也防不住老天注定。
折腾半天，王冠还是落在了博尔福特这一脉的手里。

不过亨利·都铎倒是很骄傲自己母亲的血统。

他有两个私章便是取自母亲的博尔福特家族——‘金吊闸’与‘耶鲁’章。

‘金吊闸’一直是博尔福特家的私章。

左：博尔福特家族的‘耶鲁章’
右：剑桥圣约翰学院大门上的‘红玫瑰’‘金吊闸’‘耶鲁’浮雕
这个学院是亨利七世母亲玛格丽特所创建的。

按照惯例，欧洲贵族私生子们的姓氏一般都取自他们的诞生地。

博尔福特们便是出生在父亲兰开斯特公爵位于法国博尔福特镇上的一座城堡中。而‘博尔福特’的法文为‘*Beaufort*’，本身便有‘美丽的堡垒’之意。顾名思义，‘金吊闸’象征的便是博尔福特们的这个起源地了。

值得一提的是，‘金吊闸章’原型上是没有王冠的，那是亨利七世当上国王后特意加上去的。

另一个继承自博尔福特家族的私章，是一只来自西方远古的神兽：耶鲁。#Yap就是耶鲁大学的那个耶鲁#

早在古罗马时代，便已有了‘耶鲁’的传说。
老普林尼在《自然史》中就有提起过。

据他描述，‘耶鲁’来自尼罗河上游的古埃塞俄比亚，“身体有一只河马那么大，屁股长着大象的尾巴，皮肤呈黑色或黄褐色；它的下颚像野猪，并长着野猪的獠牙，头上还有一对角，比人的胳膊还要长。这对角可以前后左右随意转动，打架时甚至还会竖起来”。

如果老普林尼说的是真的，那么这头神兽的脾气可不怎么好。

据说任何胆敢挑衅它的动物，都会被它用角给刺回去。这可能也是为什么‘耶鲁’在传到中世纪后，其兽语代表的正是‘坚守骄傲’。

然而，比起母族的这个‘耶鲁’私章，亨利七世更喜欢用的是从父族那边继承来的另一种神兽——‘威尔士红龙’。

亨利的姓氏‘都铎’其实是个威尔士平民姓氏，与欧洲众王族没有半点关系。都铎们的发家，还要从亨利七世的爷爷奥文·都铎说起。

没有人知道奥文·都铎的具体背景。

有的说，奥文的亲生父亲是个凶杀犯，如今还在逃亡中；也有的说，他的亲生父亲其实是开酒馆的，不知和谁就生下了这么一个小杂种。

但不管如何，奥文的出身很不好这件事是肯定的了。
而在那讲究身份的中世纪，这有时甚至可以是个致命的缺点。

当然，奥文·都铎之所以能成为亨利·都铎的祖先，自然也是因为他有着一项让人无法忽视的优点：他的美貌。

有道是，英雄不问来路，人美莫论出处。

据史官们记载，奥文·都铎可是一位难得一见的美男子。

成年后的他，先是不知何年何月，成为第二任红玫瑰王亨利五世麾下的卫兵。接着，在亨利五世突然驾崩后，顺理成章地凭着美貌，被选进了新晋王太后凯瑟琳的家仆队伍中。

这之后的事，你懂得，又是一场美男子和小寡妇的花前月下。一来二去，两人便好上了[7]。

好了一段时间后，这位王太后——也就是亨利六世的母亲，法国王室正经出身的公主娘娘——为奥文·都铎生下了两个孩子。

当中的大儿子，艾德蒙·都铎，就是亨利七世的父亲了。

其实到现在也没人能说清奥文·都铎与凯瑟琳王太后当初有没有秘密结过婚。但不管结没结过，心软的亨利六世也认下了都铎家这两位同母异父的弟弟了。

他倒也没像祖父亨利四世那样，多此一举地申明这俩弟弟不能继承王位。毕竟父亲是仆人、母亲是法

7 有关另一对家仆与贵人小寡妇的故事，请看下册《璀璨的哀愁》。

左：J.W. 瑞特 《王太后：凯瑟琳·瓦卢瓦》 19世纪
右：亨利七世的‘威尔士红龙’章

国公主的都铎们，就算继承，也是继承法国的王位。英国王位和他们没半点关系。

当然，作为一位英国国王，亨利·都铎自然不能放任大家这么想。

于是，登基后的亨利七世做的第一件事，便是昭告天下他各种‘尊贵’的出身。母亲一族自不必多说了，尽量往博尔福特们的祖先兰开斯特公爵身上靠。

但面对出身威尔士底层社会的父族，他也并没有就这样放弃。

为了挖出他们‘都铎’都曾有过哪些更高贵的祖先，亨利七世派出了一拨又一拨的学者去帮他寻祖问宗。

佚名 《正在打架的红龙与白龙》手稿细节 15世纪

怎么说呢，他的这场追溯，与其说是建立族谱，不如说是一种文学创作。尽管找不到任何确实的证据，也找不到任何有效的文书，但亨利七世就是坚信他都铎一族是古威尔士圣王‘卡德瓦拉德’的后裔。

卡德瓦拉德有多古老且不靠谱呢?
据说这位圣王活着时，魔法师梅林也还活着呢。

不仅如此，相传梅林还曾给出过预言。

他说英格兰岛的上空，将会有两只龙打架——白色的会占上风，但红色的最终会胜利——到那时，卡德瓦拉德的血脉将会一统山河，戴上英国国主的王冠。

亨利七世很自信地认为，这个预言说的就是自己，他就是那命定之王。

因此，逆向逻辑已经运用得非常纯熟的亨利·都铎，得出来了一个结论——那么自己一定就是卡拉瓦拉德的后裔了！

不过他也明白，光自己认为不管用，得大家都跟着认为才行。

为了时刻提醒着大家自己这高贵又古老的出身，亨利七世把代表了梅林预言的‘红龙章’刻得哪儿哪儿都是。我们迄今都可以在英国的各种老城堡中看到无数只。就连他国王徽章中的‘助兽’，也选的是这只‘红龙’。

亨利七世徽章上的另一个‘助兽’是一只白色灵缇犬，也是他私章样式的一种。

这只‘白色灵缇’来自他父亲艾德蒙·都铎的理查曼伯爵之位。

亨利七世这辈子也没见过这位父亲，艾德蒙在他出生前就死于一场瘟疫中。但这并不妨碍他继承自己父亲的爵位。

事实上，如果他没有当上英国国王的话，那么他的正式称号便是‘理查曼伯爵’。所以这只‘白色灵缇’，尽管并没有‘红龙’那么威风，对于亨利·都铎来说，也有着不一样的纪念意义。

除此外，亨利七世还有一件特殊的私章不得不提——他的‘山楂树章’。

左：亨利七世的‘山楂树’章
右：亨利七世徽章上的助兽‘威尔士红龙’与‘白色灵缇’

这枚‘山楂树章’非常别致。挺拔的树干上，长着茂盛翠绿的叶子，上面结着数颗山楂果。树之上，戴有一顶王冠，树之下，则写着亨利七世的缩写‘H.R’‘Henry Rex’，意为‘亨利王’。

不过这棵‘山楂树’也就他一人用过。
因为这棵树也就对他一人意义非凡。

史书记载，亨利在博斯沃思平原上大败理查三世后，一度找不到对方的王冠。

就在众人以为可能得回到伦敦，另找一顶王冠加冕时，亨利竟在山楂树下找到了掉落在丛中的冠冕。如此，才得以顺利地在战场上加冕为王。

不过很显然，这个故事也就他自己很感动罢了。

因为他的子孙后代再也没有任何人把‘山楂树章’拿出来用过。

说来亨利七世最成功的私章形象，
还是要属他都铎王族的‘双色玫瑰’花了。

为了终结红白玫瑰的大战，也为了稳定朝野各派，亨利七世在登基后做的第一件事，便是迎娶白玫瑰家族的公主，伊丽莎白。

这位白玫瑰公主乃是白玫瑰王爱德华四世的大女儿。在她的两个弟弟——那两位‘塔中王子’——都失踪后，白玫瑰家族的王位继承权便落到了她的头上。

娶了她之后，亨利·都铎那有些牵强的王位继承权也算终于名正言顺了。至此，红玫瑰与白玫瑰合二为一，成为花开一朵的‘都铎双色玫瑰’。

只见那红玫瑰形成了环抱之势，围住了中心的那朵白玫瑰花。
有如他红玫瑰一族，最终还是压到了他白玫瑰一家。

就这小小一枚图章，便糅进了亨利·都铎想要宣告的万语千言。

从那后，就连那些远离朝政的平民百姓都知道，太平盛世终于要来了。

亨利七世一直深知私章的重要性。
他也知道，私章曾经是如何在前朝轻而易举地就分裂了人心的。

佚名 《亨利七世》 16世纪晚期

因此他上位后的另一项重要决策便是——永久性地取消非王族人士的私章用度。

也就是说，除了他都铎一家，英国任何豪门贵族都将不再允许制造、发放或宣传自己的私章。他们的骑士、家臣、仆佣们也不允许再佩戴主公的图样。

当然，如果你非要佩戴，那么你也可以佩戴他都铎一家的私章。# ∵ #

简而言之，英国上下往后都只能捧着一颗红心向他都铎家。

从此，天无二日，人无二主，万民无二花。

佚名 《亨利七世王后、约克族的伊丽莎白·金雀花》 16世纪晚期

不过亨利七世也知道，这世上总会有杠精们来知法犯法。

面对那些就是非要继续戴自家私章的人，他倒也不生气。他甚至都不会像前辈们那样，把这些人关进牢里。早已掐住了这些贵族脉门的亨利七世，找到了一个最能令自己开心的惩戒方法——罚钱。

是的，经历了三十年玫瑰战争的英国，早已是穷得叮当响。所谓百废待兴先兴钱。国库空虚的亨利七世，恨不得把这些贵族们的私产全搂进自己怀里。如今能找到一个光明正大罚他们钱的理由，亨利七世简直不要太高兴。

相比先祖那些或暴躁、或狠辣、或爱哭天抢地的君主们来说，亨利·都铎算得上是一位好说话的国王了。然而，在罚钱这件事上，这位年轻的国王却是相当的铁面无私。

有次，亨利七世的大将军，牛津伯爵，请国王来自家吃饭。

一顿饭下来，杯觥交错，宾主尽欢。为了给予自己君主最大的敬意，也为了让这场宴会有个完美的结尾，牛津伯爵在亨利七世临走前，特地叫出家中所有骑士和奴仆，让他们排成两排，为亨利七世夹道相送，鼓掌撒花。

亨利七世就这样满意地走了。
至少……在牛津伯爵接到罚单前一直是这么认为的。

这位都铎国王，在回宫后就给自己的宠臣寄去了一笔罚单：一共10000英镑。理由是，牛津伯爵的家臣和佣人在衣服上佩戴了牛津家的私章。

那时的10000英镑，换算成2019年的货币，大约是一千二百八十七万美金（$12,870,000）。牛津伯爵虽然家底深厚，却也是被罚的有点懵。

怎么说呢，自那以后，私章这股歪风邪气算是狠狠地被压制住了。

迄今伦敦的泰晤士河中，仍然能打捞出来大批的贵族私章。许多都是人们一时忘记，不小心戴出家门后，怕被罚钱，匆忙间扔进河里的。

虽然人类总是那么的记吃不记打，但笔者发现，当事关罚钱时，大家都还是记得很清楚的。

这之后，私章的时代便过去了。

佚名 《金门前的亨利七世一家》 1503

佚名 《手持双色玫瑰佩戴金羊毛勋章的亨利七世》 1505

亨利七世虽然总是被世人骂为‘吝啬鬼’，但他其实是位难得的贤君明主。

正是在他的统治下，英格兰从中世纪步入进了灿烂的文艺复兴。
而英国破碎的山河，也在他的手中，由衰转盛，再一次百花齐放。

他都铎王朝虽然只传承了祖孙三代，却成为了英国历史上最传奇的朝代。壮丽的亨利八世、早慧的爱德华六世、血腥的玛丽，以及那位西方史上最伟大的女性君主——伊丽莎白童贞女王。

他们的故事经久不衰，恍如隔日。
世间一代又一代的人们为他们歌颂写诗。

而‘都铎玫瑰’也随之传承至今，
成为英国史上最具代表性的图章符号。

想这小小一朵双色花，背后却有说不尽的传奇与伟大。

但正如都铎王朝中，那位最具盛名的大文豪将会说的那样：

“这伟大终会遇见那苦楚。”

* 男士们的特殊珠宝 *

珠宝首饰对中世纪的男士们来说并不陌生。

帽章、纽扣、腰带、斗篷、马靴、剑柄等，身上各个角落都是他们彰显自己品位与财富的地方。就连衣料本身也能被缝进各种细碎的金银珠宝，以展现穿衣者高贵的出身。

很多时候男士们对珠宝的热爱，比起女士们有过之而无不及。

不过在许多贵族男子们的心里，有时再多的珍珠宝石也抵不住他们胸前一枚小小的勋章。这些勋章代表的乃是他们身为骑士的骄傲，是一种非世俗理念的象征。当然，非世俗的理念不代表他们不可以用世俗的金银宝石去镶嵌它们。

欧洲的中世纪是一个骑士精神大兴的时代。

早在11世纪时，天主教就为了十字军东征成立了各种宗教骑士团。

14世纪后，各国君主自办的骑士团更是如雨后春笋般冒了出来。尽管到了此时，‘骑士们’已无须真正地出征耶路撒冷。它们更像是一种‘骑士精神团’。# 你只须精神上参与就够了 #

也就是说，肉身虽然不再身体力行地去出战，但骑士的精神与信仰不灭！而胸前挂的这枚镶金嵌银的珠宝勋章，便是这个精神的具象表现。# 至少在这些男士们看来是这样的 :) #

至于具体勋章的样式，一般取决于骑士团的名字。
喔天知道，这些团的名字真的是千奇百怪，无奇不有。

从威武霸气的‘龙骑士团’到阴森优雅的‘黑天鹅骑士团’，从阳刚味十足的‘塔与剑骑士团’到娘气爆棚的‘丝袜带骑士团’，还有诗情画意如‘月牙骑士团’，精灵小巧如‘白貂骑士团’，甚至……还有‘豪猪骑士团’[1]。

是的，不用怀疑，这个团的勋章形像正是一只在生气奓刺的小豪猪。

这些团有的是家臣们自己组建的兄弟同盟会，有的是友好贵族们形成的私密小圈子。

但当中声望最高的——同时也是最排外的——则是那些君主们亲自担任群体首领‘总团长’一职的皇家骑士团。英国的（袜带）嘉德骑士团就是一个延续至今的例子。能加入这些一流骑士团的贵族，每一个都是百里挑一的人物。也就是所谓的crème de la crème，贵族中的贵族，“奶油中的奶油”。

其中最有意思的——也是最有故事的——当属中世纪末期时，勃艮第公爵创办的‘金羊毛骑士团’，以及他勃艮第的老仇家法王路易十一建立的‘圣天使米迦尔骑士团’了。

以下两章，便是他们与他们各自骑士团勋章背后的故事。

1 ‘丝袜带骑士团’便是英国王室保留迄今的‘嘉德骑士团’了。这个团因为勋章样式为圣乔治，有时也会被称为‘圣乔治骑士团’。

上左：佚名　《爱德华·费因斯·德·克林敦，第一任林肯伯爵》　c.1575
上右：佚名　《佩戴龙骑士团勋章的奥斯沃德·凡·沃肯斯坦》　1432
下左：小荷尔拜因　《佩戴嘉德骑士团勋章的亨利·吉德福德爵士》　1527
下右：让·博迪商　《路易十二‘豪猪骑士团’的骑士之一》细节　c.1500-1520

第三章

狐狸的金羊毛

起玉殿，造珠楼，
黄金曼妙月玲珑。
貂裘花骢皆换酒，
醒后仍泣万古愁。

我的苦恼，珠玉难消

菲利普公爵很苦恼。

作为勃艮第公爵，他如今是欧洲大陆上最强大，也是领地最多的公爵。

他的封地能从大西洋的北海，延伸到阿尔卑斯山的山脉。
连当今贸易最发达的荷兰与弗兰德斯两块地方，也是他的采邑。

是的，勃艮第的经济极其繁荣，旗下商人们缴纳的税更是让菲利普一举成为欧洲最不差钱的公爵。#没有之一#

但领地辽阔，富得流油不代表他就没有烦恼。

事实上，他的烦恼还不少。

比如英法又在打仗，两边都在逼他表明立场。

他之前答应过要帮助英国。不过最近风声不太对，英国新登基的小国王感觉有点不靠谱……但法国新上位的小子也不是什么好东西就是了。因此菲利普准备再张望张望。

右：扬·凡·艾克的追随者 《菲利普公爵第二任妻子，阿图瓦的波儿》 15世纪
左：佚名临摹罗吉尔·凡·德尔·维登 《勃艮第公爵，菲利普三世肖像》 c.1450
这幅肖像与第141页的临摹版本同为一幅原画。

倒霉的是，那些不会看人脸色的英国蛮子却老是催他表态，他们甚至还想给他颁发他们皇室的嘉德骑士团勋章！

如果他敢接受，法国的查理七世作为他（名义上的）直属‘君主’，准敢就直接宣告他‘通敌叛国’。虽然菲利普也不怕他，但做人嘛，就算不栽花，少种点刺也是好的。

又比如，他生了一堆私生子，然而他的正妻就是生不出来孩子。

他都结了两次婚了，两任妻子全早逝不说，她们居然连个女孩子都没给他留下过。

菲利普急需一位名正言顺的继承人。他知道法国在一旁已经虎视眈眈多时了。如果他再生不出孩子的话，他这广阔的勃艮第封地，迟早会被法兰西吞并的。

不过还好，他养的那批幕僚也不是吃干饭的。

上：罗吉尔·凡·德尔·维登
《「私生子大人」安托·勃艮第》菲利普最宠爱的私生子 c.1460
下：罗吉尔·凡·德尔·维登
《女子肖像》有一说画中人是菲利普的私生女安妮 c.1460

他们给他出了一个似乎能解决以上不少问题的主意：
一场新的婚姻。

此次他们向他推荐的是葡萄牙的伊莎贝拉公主。

这位公主从各方面看，也的确都非常合适。

伊莎贝拉虽然出身葡萄牙王室，但母亲却是来自英国的公主，与曾经的红玫瑰王亨利四世乃是姐弟关系。现在坐在英国王座上的小国王正是亨利四世的孙子，亨利六世。所以从关系上来算，伊莎贝拉也和英国国王沾亲带故，算是亨利六世的表姑。

这个关系刚刚好，不远也不近，可以让他对英国法国都有个交代。

法国总不能因为与英国的这点关系就跟自己翻脸，毕竟细究起来全欧洲的王室都是亲戚。而英国也可以踏实地把心放回肚子里，他勃艮第一派还是向着他们的。

锦上添花的是，据说这位伊莎贝拉公主还是葡萄牙国王的独女，颇得宠爱。

天性聪颖的她一直跟着兄弟一起上学，不仅读书骑射无所不能，还通晓英、法、意、葡和拉丁文5种语言。更少见的是，她的父亲还从小把她带在身边亲自教导宫廷上的权谋之术。

不过菲利普不在乎这些，他看重的是这位公主的另一项本事：算账。

大使们传回来的消息是，这位伊莎贝拉公主精通算术，几个兄弟都算不过她不说，她更是酷爱记账。他们私下都管她叫‘会计公主’。

这群人本意当然是在讽刺这个公主太市侩，但菲利普却觉得这样很不错。啊，多么美妙。一个懂得盘账的公主。这简直就是老天给他送来的礼物！

要知道他虽然钱多得下辈子也花不完，但菲利普完全不care对账这件事。像很多人一样，他觉得看账本乃是天下第一苦差事。如今能有位与他同心同德的妻子帮他看，那简直再好不过了。

不过有一点让菲利普对这场联姻仍然有些迟疑，那就是这位公主的年龄。

大臣们说，伊莎贝拉和他相差不到一岁，也就是说她和自己一样，如今也是个年过三十的人了。到了这个岁数还没嫁娶过的王室极其少见，尤其对中世纪的公主们来说更是如此。就连菲利普自己，都结过两次婚了。

当然，他前两任妻子如果活下来的话，年龄也应当是和伊莎贝拉一样的，所以这也不是什么大问题。前提是……她不是因为面丑无颜才这么多年没有出嫁的。

自然，菲利普的驻葡大使和行政官们都有向他保证过，这位伊莎贝拉公主长得沉鱼落雁，貌比天仙。

但大使的嘴，骗人的鬼，他是不会相信他们的。#‿#

这群满肚子弯弯绕绕的人，为了达成自己的目的，那是什么话都说得出口。他们才不在乎这个公主的相貌呢，反正又不需要他们亲自上阵。到时候娶回家来不满意，他又不能退婚，那时才是真生不出孩子呢。

这子嗣固然重要，但……他也不能牺牲太多啊！
毕竟婚姻大事，终究还是要看缘分的呢。

在这点上菲利普和许多男人一样，深信长得好看的才是有缘人。

为了调查二人是否有缘，他特地把自己宫廷中最具盛名的——那位以擅长写真而名满欧洲的大师——扬·凡·艾克给召唤了来。

人们都说，这位大师技艺出神入化，高超到连苍蝇翅膀上的纹路都能一五一十地给画下来。

算起来凡·艾克如今跟着他也有几年了，菲利普甚至觉得自己都可以和凡·艾克算得上是朋友了——如果一个人可以和拿他工资的人做朋友的话。

总之，菲利普把凡·艾克也塞进了1428年访葡使团的名单中。

他需要这位大画家做自己在葡萄牙的耳目，务必把那位葡萄牙公主的“体态与身姿”给一五一十地描绘下来。

菲利普反正觉得凡·艾克是不会蒙自己的。他是个男人，又是个画家，#他懂的#。

扬·凡·艾克 《带着头巾的男子》 1433
许多学者认为这是凡·艾克的自画像。

而到了葡萄牙后的凡·艾克，也果然没让菲利普失望。

他在那里待了将近9个月，这期间不间断地给自家公爵寄回了各种伊莎贝拉公主的肖像与素描。

尽管现在一幅都没有保留下来，不过从当时一些追随者的临摹中我们依然可以看出不少端倪：

这位公主有着容长的脸儿，弯弯的眉，
鼻子虽然不秀气，却胜在挺直；
眼睛虽然有些小，却也不妨碍它们眉目传情，顾盼生辉。

而画中这位锦衣华服，直视画外人的女子，固没有十分的美貌，倒也有了八分的风情。

扬·凡·艾克 《葡萄牙公主，伊莎贝拉》 1428-9
边框文字与设计也是画家的手笔，可惜这幅画已丢失多年。

凡·艾克果然不凡。他不仅画出了伊莎贝拉的五官，也画出了她那难以用书信言传的神采。

菲利普拍板儿同意了。

尽管这位公主离天仙还是差着很多距离的，但……也是可行的。

现在只要等他的使臣们与葡萄牙王室那边谈好条款，签下合同，他就可以准备婚礼了。尽管这是他第三次成婚，但这位勃艮第公爵仍然决定要让这场婚礼前所未有的盛大。

他要让所有人，都拜倒在他勃艮第的金钱下！

我的黄金，天下倾倒

要说菲利普公爵最喜欢的消遣是什么，那么绝对非花钱莫属了。

光是在一个布料商身上，他便能在一年之内花掉自己封地百分之二的税金*。这位爷在其他衣食住行上的花销就更是可想而知的奢侈了。

菲利普喜欢花钱，喜欢好看的东西，喜欢华丽的玩意儿，更喜欢金银珠宝。他最喜欢的布料就是一种由纯金裹丝做线，经纬交替编织而成的金缕衣面料[1]。

这面料恨不得一尺便能用上万两黄金。不用怀疑，穿上这料子做成衣服的他，永远是人群中最闪耀的那个。#那是一种金钱独有的美貌#

他就像个散财童子一样，走哪儿哪儿富饶，到哪儿哪儿的GDP就增长，商人们简直都爱死他了。人们都称他为‘大善人菲利普’。#毕竟那些肯花钱买单的人总是看上去那么的和善可亲#

而此次与伊莎贝拉公主的婚礼，菲利普更是怎么

1
理查二世也对这种料子情有独钟，详情请看第二章：我的心是兽与花。

扬·凡·艾克 《阿尔诺芬尼夫妇像》 1434

* 很多学者认为这位供应菲利普公爵的布料商名字为乔瓦尼·阿尔诺芬尼，正是这幅画中的男主角。

铺张怎么来。

他先是派出400人马前去他勃艮第的大本营——第戎宫廷——押送婚庆的各种货物用品。

这里面，包含了15车新编织的豪华挂毯、15车特意从贝桑松匠人那里定制的花纹钢甲与盾牌（这些到时长枪比武庆典上会用到），还有100木桶勃艮第区酿造的上好葡萄酒以及25车新雕刻好的摆设家具，和25车新打造的首饰珠宝。

噢，是的，他菲利普公爵的珠宝都是以‘车’为单位计算的。

这一大队婚典纲，从第戎一路北上，在经过菲利普的里尔宫廷时又取了些东西，然后继续向北，直到抵达布鲁日才算走完。全程576公里。

与此同时，布鲁日也在为他们即将到来的新公爵夫人忙碌不已。

整个城市都被装点了起来。

街上张灯结彩，到处挂满了昂贵的红色布料，以及菲利普和伊莎贝拉的家徽与符号。所有新娘会经过的主路也都被铺上了红毯，一直铺到菲利普在布鲁日的宫廷大门前为止。

现在，一切就绪，就等新公爵夫人从海上落地勃艮第了。

然而，伊莎贝拉那边的情况却远没有这般顺利。

彼得鲁斯·克里斯蒂
《葡萄牙的伊莎贝拉与圣伊丽莎白》
c.1457-60

她两个月前就已经从葡萄牙出港了。没想到连续遇上了几场暴风雨不说，中途船只还差点触礁，不得已在英国靠了岸。

在英国又耽搁了三个星期后，伊莎贝拉和她的舰队才终于在1429年的圣诞夜，抵达布鲁日外的斯勒伊斯港。这一路不可谓不颠簸。

更让葡萄牙使团肉疼的是，当初她父王派给她的20艘大舰船，如今只剩下三分之一不到，2000多名随从也被海浪卷走了一大半。至于嫁妆，更是差不多都沉到了海底喂了鱼。

不过菲利普倒是松了一口气。

这段日子他过的那叫一个跌宕起伏，生怕这个公主折在半路上。

为了这场婚礼他可是花了不少钱，而且他后边还安排了好多事呢。如果这婚没结成的话，那他后面的一连串计划可就都黄了。

至于那些丢掉的东西没什么好在乎的。
不过都是身外之物，对菲利普来说，重要的是人活着到了就好。

反正他也从来没惦记过她那些嫁妆。想来也没什么好东西。

听大使们说，葡萄牙宫廷和他们勃艮第相比，那都不在一个档次。

于是，也并没有太在意女方资产突然缩水了一大半的菲利普，在体贴地让这位葡萄牙公主又歇息了两周后，宣布婚礼如期举行！

1430年的1月7日，
勃艮第的菲利普与葡萄牙的伊莎贝拉正式结为夫妻。

直到此时，庆典才终于拉开了帷幕。

喔，而这是一场多么绚丽夺目、异彩纷呈的世纪嘉年华啊。
他了不起的盖茨比也比不过他了不起的公爵勃艮第。

来访者们都说，它甚至值得被记载到千秋万代！

四面八方的人们都涌进了布鲁日。他们来庆祝，来狂欢，更重要的是来围观这场豪掷万金的盛大婚礼。

仪式从伊莎贝拉的御驾游行开始。

在旗号手的开路下，新晋的公爵夫人伊莎贝拉坐在黄金打造的钿轮敞车上，由两匹嚼着宝珠辔头的玉花骢拉着前行。在她两侧掌控缰绳，为她驸马护驾的是菲利普的首席宫务大臣鲁贝，以及她最小的弟弟费迪南德王子。

步行走在她身后的，分别是伊莎贝拉从葡萄牙带来的随臣与贵女，以及菲利普麾下的弗兰德斯男女贵族们。

他们后边跟着的则是盔甲骑士、通报官、号角手、欢呼手、耍旗手，以及边走边唱的游吟诗人们。

这一群群身披华服、走在红毯上的贵人们，让围观百姓们看的是眼花缭乱。

红毯两旁的热情人群甚至多到能让伊莎贝拉的御驾寸步难行的地步。整个游行队伍几次都被迫停了下来，等待士兵护卫们为他们疏通道路。

从布鲁日城门到菲利普的公爵府，也就不过1000米的距离。
这1000米，却让伊莎贝拉一行人走了整整两个小时。

不过这段路也不算白走，在前方等待他们的是一场世纪大宴。

为了此番宴会，公爵府里里外外都被重新装潢了一遍。

诸宫殿看上去比平时更加的富丽堂皇不说，菲利普还令人在庭院中央专门建起了一幢只为此次婚礼准备的宴客楼。

不仅如此，为了能让来宾都吃上刚出炉的热菜，宴客楼旁边还搭建了2个临时温窖、6个贮藏室和3个大厨房。

每个大厨房内都有一个近3米高的临墙大烤炉，而温窖和贮藏室内更是塞满了昂贵的水果、蔬菜、海鲜、汤点，还有煮好的肉禽、烤过的乳猪、腌过的野味，以及各种颜色的果冻与派。

佚名
《在菲利普公爵城堡花园享乐的勃艮第众贵族》
1501-1600

宴客楼建在花园的正中央，分上下两层。

下层是一个没有隔断的大宴会厅，足有46米长。角落处还摆有一棵纯金打造的黄金树，耀眼的枝叶挂满了菲利普以及他众家臣的族徽与符章。上层则是乐队、欢呼手、号角手，以及游吟诗人们表演的地方。这些艺人们加起来一共有一百多位。

并不是所有人都能进到勃艮第公爵的府里看到这一切的。

当然，那些没有资格进到府邸的大众，也没有被菲利普忘记。毕竟他可是“大善人菲利普”呢，不与民同乐岂不是对不住这称号？

在宴会开始前，菲利普就叫家仆在公爵府的大门外，立起了两尊雄狮样式的喷泉雕塑。威武的狮爪下，踩着的便是泉口，不过从中流出来的可不是什么清泉，而是源源不断的勃艮第红酒。#随便喝，管够#

老扬·布鲁盖尔 《听觉、触觉与味觉》 1618
画中宫殿是菲利普后裔所造，桌上摆放的宴会吃食等物可作为菲利普婚宴的参照。

布鲁日的人们就这样聚集在宫苑门外，喝着菲利普的红酒，高歌着他的美德。

而那些持有请柬可以进到宫殿内的幸运儿，自然待遇也随之高了不少。他们先是被引到宴客楼所在的花园内，欣赏各种在一月份也会绽放的奇花异草。

花园的各个角落里则摆放着专供宾客们饮用的雕塑喷泉。

不管是样式还是泉液，与门外的相比，门内的显然要高级很多。

宫苑内的喷泉一共有两种。

一种，喷出的是掺有玫瑰花露与玫瑰花瓣的玫瑰水；

一种，喷出的则是混有昂贵香料的甘甜葡萄酒。

相传，酿制这种葡萄酒的配方传自古罗马的皇帝们，而当中用到的香料全部来自遥远的印度与非洲。

当然，一场宴会的重头戏还是得在宴席上见真章。

天上飞的、海里游的、树上长的、土里埋的、地上跑的、洞里钻的，整个席面炊金馔玉，无奇不有。

然而让宾客们惊呼连连的不只是这些山珍海味，还有这一道道上菜的方式。

每一次上新菜，公爵府的家仆们都会鱼贯而出，身穿各样戏服，装扮成各色人物，上演各种独立小戏。

例如，有一道菜，便是由一群相貌娇艳的女子端出。

她们装扮成林间仙女的模样，领着一只举有菲利普公爵家徽的祥瑞‘独角兽’——其实是一只绑上了角的山羊——依次把菜献到了客人们的桌旁。

还有一道菜，是由一群相貌各异的男子引出。

这些男子有的英俊高大，有的矮丑平庸；
他们分别装扮成了预言者、天使、精灵、野蛮人、甚至猛兽。

但不管他们是谁，这些男子们都会用自己角色的口吻，来称赞勃艮第的富饶、菲利普的英明、伊莎贝拉的美貌，以及这场婚礼的天作之合。

上烤乳猪时的戏码似乎最受客人们的欢迎。
好几位到场者都把这段写进了信件里。

一群少年们，被打扮成了各种森林野兽，然后，一起‘骑在’了这只硕大的乳猪身上被抬进了宴会场。这头顶着‘万兽’的乳猪，据说是相当的美味。

不过最豪华的一道菜戏，当属一个巨大的派。

这个派有2米多高1米多宽，惊人的是，它被推车送上来时完好无

丢勒《拿着家徽的野人》1499

当时人认为山中野人的身上都长满了毛发。

损，不见任何缝隙。

正当人们猜测这个大派是用什么馅料做的时，一个浑身长满毛的‘野人’抱着一只绵羊竟破派而出，从中跳了出来，把众人吓得又跳又笑。

这位‘野人’手中的绵羊一看就不是人间凡羊，它的毛都被染成了蓝色不说，还长着两只贴满了金箔的角。

不用说，这场宴会从节目到场地，从席面到外观，都吃的那叫一个宾主尽欢。

来宾们都被勃艮第宫廷的富庶与豪奢给惊艳到了。
人们都纷纷寄信给朋友家人们描述这场精彩绝伦的婚宴。

有人甚至在信件中写道，
“自己所书，不及现场所看到的十分之一”。

不过他们还不知道的是，这场婚礼的热闹还远远没有完。

之后的几天里，菲利普在布鲁日的大广场上，连续安排了好几场庆祝活动——有骑士们的长枪比武，有游吟歌手们的吹拉弹唱，也有戏团们的把戏杂耍。

城里城外，贵族平民，皆在狂喜。

但菲利普很清醒。

Panem et circenses，就像所有给出面包和马戏的人一样，他也有自己的如意算盘。

这当然是一场婚礼，但它更是一场政治表演。

菲利普用他的排场和财富向众人宣告，他勃艮第公爵，不仅富甲天下，还是所有衣食住行与时尚文化的领军人。

他的大使们走在各国大使的前面，他的宫廷也是欧洲的第一宫廷。而他，菲利普·瓦卢瓦三世，是名副其实的‘西方第一大公爵’（*Preeminent Grand Duke of the West*）。

甚至，不止公爵。

是的，菲利普需要所有人知道，
他虽是公爵，却比任何君王更君王！

我的夙愿，金石不晓

若说菲利普的这番野心在宴会开始时还算含蓄，
那么到了婚礼快结束时，已经可以说是非常直白了。

在人们连续狂欢了三个日夜后，此次庆典也迎来了它最后的高潮。

作为压轴，欧洲大陆上最著名的侏儒小丑——人称“只穿金衣的金夫人”——上演了她一系列的拿手杂技。看得众人击节叹赏，拍案叫绝。

据到场者们说，她还没有“一双靴子高”，却有着“无与伦比的美貌，以及一个体操者才有的柔软和活力”。

但这位金夫人的作用远远不止娱乐众人这么简单。

在表演完她所有的戏码后，金夫人翻着筋斗跳到了菲利普座前，众人的目光也随着她来到了他们的东道主面前。

只见小小的金夫人向公爵献上了一只精致的雕花木盒。

菲利普当众打开，定睛一看，躺在箱内的乃是一条纯金打造而成的男士项链，上坠一只绵羊皮样式的黄金勋章。

就此，菲利普终于掀开了这次庆典的终极意义：

为了庆祝勃艮第与葡萄牙的联姻，
即日起他将成立一个新的骑士团体：

‘金羊毛骑士团’。

他将亲自出任‘总团长’（*Grand Master*）一职。

这会是一个非常私密的团体，算上菲利普，一共也就25人。
而第一拨受到菲利普颁发勋章的，都是欧洲出身显赫的大贵族们。

尽管欧洲到处都有自己的骑士团体，但如此大张旗鼓设立骑士团的一般也只有各地的君王们了。人们甚至说，当年英国的嘉德骑士团成立时也没有这般盛大。

但说是骑士团，这其实更像是一个以菲利普为中心的高档上流社会俱乐部。入会的人，也都在菲利普公爵的授予下，能享受各种特权。

如，除非有君王在场，金羊毛骑士们都将有着超然的地位——他们的座次会永远比同阶级的人高上一位。

这些荣耀，都是他菲利普给的。

然而，入会的人也明白，菲利普可以给，菲利普就可以拿。
#如果想留下，你就必须得听话#

佚名 《佩戴者金羊毛骑士团勋章项链的菲利普三世》 15世纪

佚名 《善人菲利普与妻子葡萄牙的伊莎贝拉》 16世纪

不仅如此，菲利普还十分苛刻地在团规上特意加上了一条：入我团者，势必放弃其他团体[2]。

也就是说，一旦加入了他的金羊毛骑士团，这些贵族们就要遵守自己的入团誓言：

从生到死，效忠勃艮第公爵一个主公！

就这样，菲利普靠着这枚小小的金绵羊，把身边人的忠心都捏在了手里。

这种明目张胆地把自己与其他国王们放在同一个水平线上的姿态，让菲利普的司马昭之心没法更加的

2 后来这条规矩对各国的君王们不起作用。毕竟君王们需要加入的社团太多了。

路人皆知了。

就算之前有没体会到菲利普深意的，现在差不多也都get到了。

是的，菲利普公爵有一个梦想，他想做真正的国王！

伊阿宋只要找到金羊毛，就可以坐上王的宝座，他希望有一天他也能一样。

他的领地早已超出了法兰西的边界，版图也越来越接近9世纪的洛滕加王国。不仅如此，他的妻子还是葡萄牙国王的嫡女，自己的身体里流淌的也是瓦卢瓦王族的血液。

更关键是，他比许多正经君王都要富有！

尤其和法国那个穷得叮当响的王室相比，他勃艮第宫廷简直就是神仙的琅嬛洞府。

所以为什么他就不能加冕为王？
为什么他还要向法国俯首称臣？
法国又到底凭什么做他的‘君主’？

他还记得，也就是30年前，英国的红玫瑰王和自己一样只是王族的副支。但最后人家不也戴上王冠了吗？

他不想要法国的王冠，也不想掺和法国那些破事儿。
他的父亲当年就是因为与法国宫廷纠缠太深而被刺杀而亡的。

他现在只想自己重新建立一个新的王国，自由自在，自娱自乐，不再有任何人在他头上指手画脚。难道这也不可以吗?

然而，如果愿望是马匹，那么乞丐也能有马骑。

老天用菲利普的后半生给了他一个斩钉截铁的答案：不可以。

正如日后莎士比亚的那声叹息：

Our wills and fates do so contrary run.
我们的意志与命运总是这般背道而驰。

因为法国的阻挠，因为错误的选择，因为邻国的变卦，因为教皇的贪心，因为世间的种种原因，菲利普穷极一生都没有达成这个心愿。而他苦心合拢在一起的勃艮第封国，连第三代都没有传到，便土崩瓦解了。

人们都道富人多快乐，却不明白这世上，
富有富的悲伤，穷有穷的失落。

人间走一遭，往往都是要抱憾而终的。

但菲利普并没有白白来这世上一场。

他的遗产与封地虽然早早便被瓜分，不复存在。
可他的金羊毛勋章，却延续了下来。直到今天也依然还在传承中。

佚名 《金羊毛骑士团团员会议》 c.1470

它的私密性，它的排外性，它名下骑士们本身的卓越性，让金羊毛勋章成为欧洲所有骑士团中声望最高，也是最令人渴望的至高荣誉。

而在过去这589年里，统共也只有过1200位金羊毛骑士。

这当中有无数欧洲君主，也有历史上各种举足轻重的人物。这些平时对谁都不屑一顾的大人物，却都个个以戴上金羊毛为荣。

尤其在17世纪之后，君王们更是爱用各种硕大的宝石来点缀他们心爱的金羊毛勋章。在他们的心里，只有那些奇珍异宝才配得上金羊毛这般无上的荣耀。

著名的希望蓝钻，和德累斯顿绿钻都曾是金羊毛勋章上的主打宝石[3]。

就连以沉着稳重而闻名沙场的威灵顿公爵，在被授予金羊毛后做的头一件事也是赶紧找画家定制肖像。

画中的他，一身黑衣，满脸矜持，只有胸前勋章的一抹红与金，泄露出了他那按捺不住的自豪与骄傲。

3
希望蓝钻和德累斯顿绿钻的故事都将在《珠宝传奇》的后续系列里。下图为德累斯顿绿钻示意图。

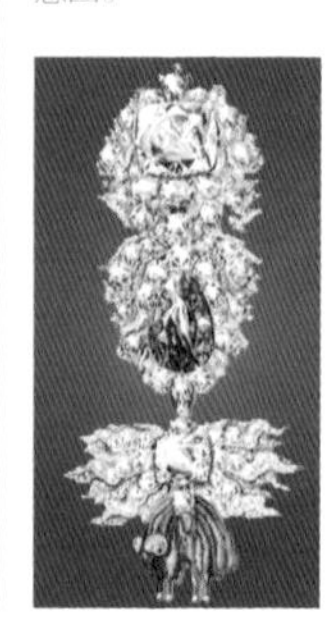

彼得·爱德华·斯多灵 《佩戴金羊毛勋章的威灵顿公爵》 1820

1	2	3
4	5	6
7		8
9	10	11

左页为中世纪到近现代诸位佩戴金羊毛勋章的王子公孙们的肖像

1. 鲁本斯 《瓦萨亲王，西斯蒙德三世》 1620s
2. ‘抹大拉传奇’系列大师 《‘美人菲利普’亲王》 c.1500
3. 让-马西尔·费都 《法国王子路易-约瑟夫-埃希尔》 c.1760
4. 扬·凡·艾克 《兰诺的博德温》 1435
5. 尤金·菲利斯 《茜茜公主之子，奥匈帝国王太子鲁道夫》 1889年前
6. 委拉斯凯兹 《弗朗西斯科一世，摩德纳公爵》 1638
7. 费力克斯·堂尼 《12岁的皇帝佩德罗二世》 1837
8. 托马斯·劳伦斯 《梅特尼赫王子》 1815
9. 让-马克·那提耶 《幼儿时代的法国王子路易-约瑟夫-埃希尔》 1754
10. 弗朗兹·温特哈尔特 《维多利亚女王之夫，阿尔伯特亲王》 1842
11. 米克·凡·米尔瓦特 《菲利普·威廉，奥瑞之亲王》 1608

时间永远在大浪淘沙，多少风流人物，如今早已不知所踪。

但他勃艮第公爵，菲利普三世，这么多年来仍被留在了浪花之上。

每一个戴着金羊毛勋章的骑士，都把他的人生、他的过往，甚至他的信仰挂在了自己的胸前。仔细看的话，那垂挂着金羊毛的项链的扣环样式正是由菲利普公爵的私章，‘燧石与打火器’相连而成的。

它们代表的是他的人生箴言——‘Strikes before the flame flickers’，撞击都在火苗闪烁前。

就像所有的火光都需要出力才能点亮，所有的梦想也都需要奋勉才能得偿。

菲利普虽然毕生都没有实现自己的愿望。

但正像他在创立金羊毛骑士团时所说的那样：

No mean reward for Labours.

从来努力就不会有卑劣的奖赏。

佚名 《菲利普公爵私章，燧石与打火器》版画细节 16世纪

金羊毛骑士团勋章与项链示意图与实物

第四章

蜘蛛、贝壳与海

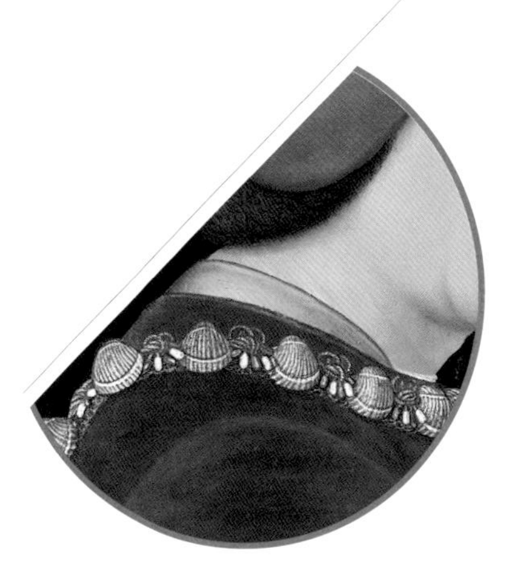

海上有山应大梦，
人间无路可长生。

宋·王山

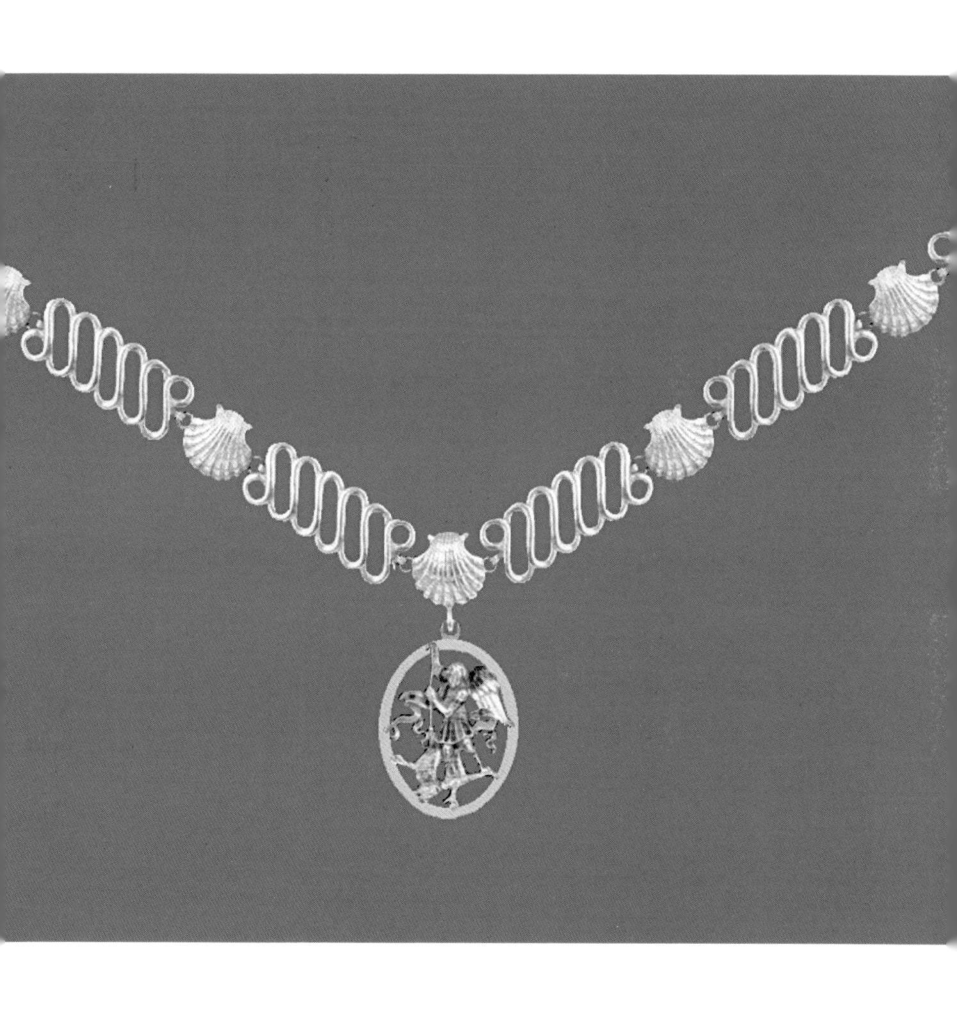

圣天使米迦尔骑士团勋章与项链实物

樊笼中的蜘蛛

如果路易十一活在现在的话，那他的口号一定就是“Make France Great Again！”。

人人都爱法国的路易们，伟大的路易十四、逍遥的路易十五、悲惨的路易十六，似乎每一个都有着说不完的故事。

但若没有路易十一，后面的一串路易根本没有机会去伟大，去逍遥，去悲惨。法国仍然会停留在内乱不断的诸侯时代，地方强权各自为政，甚至，早已四分五裂得国不再国。

这听上去很不可思议，可这就是交到路易十一手上的法兰西。那时的法国，在历经了与英国近百年的战争后国弱民衰。

虽然到了路易父亲查理七世这代，法国收复了大部分国土，但英军在作战时实施的焦土政策[1]，让法国民生凋敝，经济体系全面崩溃，很久都没有缓过来。

没有民生，就没有税收。法国王室那时是真穷。

1 ‘Scorched-earth’焦土政策是一种军事策略，无论进攻或撤退，所经之地都要烧个寸草不留。粮食、净水、房屋建筑、人口牲畜等都要烧掉，不给敌军留下任何可用资源。

他们穷到什么地步了呢?

路易与苏格兰的玛格丽特公主结婚时，都没钱举办一场正经的婚礼。玛格丽特那些从苏格兰远道而来的亲戚，在教堂观礼完后，便被法国王室变着法地给轰了出去。连场像样的晚宴都没有，更别提什么像勃艮第公爵成婚时那样，几天几夜的狂欢庆祝了。

骄傲的苏格兰人觉得自己被深深地冒犯了，很快指天骂地的拂袖而去。但苏格兰人不知道的是，法国王室是真揭不开锅了，哪里敢留下他们大吃大喝。到时端上桌的一盘正经菜都没有，那才真是丢人丢到家了呢。

可能真像人们说的那样，一场婚姻若没有一个盛大的开头，就注定会有一个凄凉的结尾。

路易与玛格丽特的这场联姻并不成功。

成婚时路易13岁，玛格丽特也才11岁，
按说是可以从小培养感情的。但年龄相近的俩人就是不投缘。

从性格上来看，这对王子公主也的确不大适合。

生于法国最动荡那几年的路易十一，不到2岁就开始独自一个人生活。那时，他的父母成天都在为法国王室的生死存亡提心吊胆着，谁也没空搭理他。以至于在7岁前，这位未来王储都没有和自己仆佣以外的人有过接触。

这一切都让从小生活在隔离中的路易，孤僻又早慧，甚至还有些反社会。

然而，来自苏格兰的玛格丽特则是那种典型的中世纪公主，美丽，羸弱，温柔却怯懦，极其顺从，也极其无趣。

她除了圣经和一些爱情诗歌外，没读过什么有用的书。毕竟一个中世纪公主只需要虔诚、美好、善良就足够了。聪明才智？不需要的[2]。

一个天天脑子想着怎么折腾别人的腹黑小男孩，与一个没有任何自己思想的唯诺小姑娘，实在是没什么共同语言。乌鸦和夏虫之间又有什么好说的？

法国贵族们当时都管玛格丽特叫作“小洋娃娃”，因为她不仅身量小小的，还长得十分精致。但他们对待她的态度也像对待一个布娃娃那样，随意打趣，毫无敬重——曾有一名贵族举着蜡烛到她脸上做势要烧她面颊，吓得这位苏格兰公主哭了好几夜都没睡好觉。

路易本来就对这个强加给自己的妻子没什么好感，相处一段时间后，更是觉得玛格丽特懦弱的样子很丢人。

于是，他就此对玛格丽特采取了所有男人对自己没有兴趣的女人的统一态度——尽量能不搭理就不搭理。

2
像葡萄牙的伊莎贝拉那般文武双全，还懂权谋之术的公主算是中世纪的异类。她算是之后文艺复兴女性的前兆。

雅克·勒·布克 《路易的第一任妻子，苏格兰的玛格丽特》粉笔画 16世纪

人生地不熟，又性子郁闷的玛格丽特，20岁时就过世了。在那之前的9年里，这对年轻的小夫妻甚至没怎么在一个屋子里待过。这也直接导致二人在肉体与精神上的交流都极其匮乏。

这场婚姻对双方来说无疑都是失败的。

当然，公道地说，路易十一这辈子都没和任何人在精神上建立起过一个值得一提的深度关系。可能是因为在一个小孩子最需要建立与他人共情关系的那几年，他就一直一个人待着。也可能他天生就是个反社会。

总之，从小到大，路易就对这个世界有着一个很完整的认知——人类只分有价值的骗子和没价值的骗子。

有价值的骗子还值得他的时间，没价值的骗子压根就不该存活在这世上。可想而知，有着这种世界观的人是不会有什么亲密好友的，因为他根本就不相信任何人。

不过路易也不需要什么知心友人。他喜欢别人猜不透他心思。

他曾嬉笑地跟廷臣们说，“如果我的帽子知道我的脑袋在想什么的话，我会毫不犹豫地把它扔进火里的”。很显然……听到这话的廷臣们笑不出来。

在路易看来，为君者，就是要神秘莫测、难以捉摸才好。

他声称，“那些不懂掩饰自己心思的人不懂什么叫统治”。

这话说谁呢？说的就是他爸，查理七世。

像路易十一这种聪明早熟，又高智商的反社会小孩，通常都有个毛病：爱白眼看人。

是的，太多人见识过路易的白眼了，他谁都瞧不上。但他最瞧不上的人就是他爸。和查理说话时，路易恨不得把白眼翻到后脑勺。

这位心有七个窍的王太子，在很小的时候就看出了他爸性格上的缺陷。

和在兵荒马乱中成长起来的路易不同，查理七世小时候正好赶上法国王室最后那点子繁花似锦、回光返照的好日子。同时又是小儿子的他，从小便受尽了母亲的溺爱。

这也养成了查理七世好逸恶劳，畏惧冲突，且害怕压力的软弱性子。

其实在登基后，查理也想有所作为的。

像是收回贵族们的一些权柄，削弱诸侯们的势力，重建法国王室的威严，等等。

他想的都很好，但做起来却总是有重重困难。

查理七世每次在朝会刚一提个开头，大臣们就开始拍桌子瞪眼，引经据典地跟他嚷嚷起来。

让·富盖 《查理七世》 c.1445-50

人家一大声，查理就怂了，最后就又不了了之了[3]。

你叫大臣们跟路易十一拍桌子试试看。
他们就是活腻了也不敢在路易面前大声喧哗。

他们都怕死这个心思诡秘的家伙了！

似乎人这辈子穷极一生都是在寻找自己的童年。

锦绣堆里长大的查理七世，只想回到小时候那个纸醉金迷的好时光。而在阴谋与悬念中诞生的路易十一，一生也只喜欢活在悬念与阴谋当中。

查理七世可以是个快乐的王子，却注定是个忧郁的国王。优柔寡断的性子，让他为起君来总是十分的力不从心。

那些四面八方的拉扯，永远解决不完的事情，让每天只想和自己情妇开心度日的查理特难受。他有好长一段时间都陷入在抑郁的情绪中不可自拔。

但路易十一正好相反。

他绝对不会满足只做王子，并且迫不及待想成为国王。他对自己的王国有着诸多期待与设想，他都心急如焚地想去实现。

3 查理七世早年的统治以无所作为而出名。晚年稍微好些，但总的来说和未来的路易十一仍然没法比。

路易在16岁时就曾举兵谋反，想把他爸推翻，自己登台当家做摄政王。自然，这场并不成熟的反叛很快就被镇压下去了。毕竟查理再无能，他身边的大臣们也不是吃素的。

然而，起义虽然失败了，路易却绝对没有被打倒！

这次失败也让年轻的他从中学到了宝贵的一课：每个人都应该做自己擅长做的事才会事半功倍，而他不擅长硬碰硬。#他的天赋在于黑吃黑#

自那后，路易简直成为越挫越勇这个词的代言人。

他来完明的来暗的，一次又一次给自己的父王下绊子。有的成功了，有的没成功，可不管成没成功他都搞得查理七世很头疼。

查理是个心软的，一次接一次，他原谅了这个儿子。
这若换成路易是路易的儿子，他早把自己给流放到西伯利亚去了。

但心再软的人也有底线。
而查理的底线就是他的宝贝情妇阿涅丝·索雷尔。

当时的人都称呼阿涅丝为“美之夫人”。
当然，所谓‘美’也都是靠比较出来的。

尤其与路易那个“用脸就能把英国人吓跑的”母后相比，阿涅丝·索雷尔在查理的眼里简直就是九天仙女下凡尘。

让·富盖 《妆扮成圣母的阿涅斯·索雷尔》 1452-8
法国15世纪后期兴起来的低胸裙就是这位‘美之夫人’带动起来的潮流。

左：佚名 《酥胸半露的阿涅斯·索雷尔》 16世纪
右：佚名 《路易的母后，安茹的玛丽》 17世纪

如果艺术家的笔刷可以被信任的话，那么阿涅丝的确长得精巧动人——光洁的额头，秀气的下巴，小鼻子小嘴大眼睛，这种组合放眼古今中外都算得上是美人。

查理七世被她的美貌迷得那是一个神魂颠倒啊；
如果阿涅丝不坐在自己身边，查理都拒绝吃饭。

美人嘛，我们懂得，那都是要作妖的。否则岂不是白白美了一场。

阿涅丝也不例外，她把查理紧紧握在手里不说，更是试图网罗查理身边的朝臣与自己结盟，欲图一手把控朝政。

这就触犯到路易十一的底线了。

此时的他虽然还只是王太子，但他早已把法国王位看成了自己的囊中物，又怎么会允许一个不知哪里冒出来的女人动他的蛋糕?

很明显，长得美这件事对路易是起不到作用的。

从他对待自己妻子玛格丽特的态度我们就能看出，路易十一浑身上下就没有怜香惜玉的那根筋。

两人三番五次地起冲突不说，路易更是在最后一次争执中，拔剑而出，欲图要砍了阿涅丝，把这位美人吓的啊，仪态都顾不得了，花容失色地惊声尖叫。

查理这次是真生气了。折腾他行，折腾他的美人万万不行。

他难得一怒为红颜，果断地把儿子给扔出了宫廷，叫他去自己的封地待着去，没有召唤不得回来。

43岁的查理气得火冒三丈，23岁的路易却走得兴致高昂。

他早就不想在他爸眼皮子底下待着了。

他看查理不顺眼，查理看他也不顺心。
查理不喜欢他指手画脚，他不喜查理管东管西。

让·富盖 《查理七世时祷书：朝拜耶稣的三博士》细节 c.1452-60

跪下的博士模样便是查理七世，他身后身穿白衣的年轻博士的五官则取自路易。

所以分开最好。

而查理做梦也没有想到，此次一别，便是永远。

他再也没有见过这个儿子。

天边的蜘蛛

路易十一这次离开，就没打算过要再回去。

之后的15年里，查理经常召唤路易回到他身边，但他根本没空搭理他爸。他正忙着打理他那封地多菲内呢。

事实上证明，路易是有治国的才能的。

多菲内在他的统治下，从一个混乱且无人问津的十八线穷乡小省，变成了一个有着稳定治安与税收的一线大省，人口翻了不止三倍。

在自己封地的这番练手，也让路易更加坚定自己一定要登上王位的决心。如此他就更不会回到查理的身边了。他不能给查理任何机会废掉自己。

路易知道在自己走后，查理与母亲又得了个正统小儿子，也是嫡子，也可以做继承人。阿涅丝一派想推这个小儿子做王储。他又怎会回到巴黎去自投罗网，给这乳臭小儿让路呢。

达・芬奇曾在信里对自己的弟弟说："繁衍后代就是给自己找了一个永远在窥视你的仇敌。他会殚精竭虑去寻求自由，而只有你的死亡能给他带来真正的解脱。"

上：达·芬奇 《岩石圣母》 1483-6
下：佚名 《年少时的路易肖像》 1450s

路易十一没见过达·芬奇。

如果见过，达·芬奇怕是会被他引为知己[4]。

当然，达·芬奇说得有点夸张。

所以父亲们也不要害怕。

与任何人为敌——包括与自己的父亲——都需要不懈的努力以及持久的恒心。大部分人没那么大精神头。

不过路易十一也不是大部分人就是了。

是的，哪怕远在封地，他依然有辙把他爸气得七窍生烟。

先是三番五次地抗诏不回，接着又在没有经过查理允许下，私自娶了太子妃。还在他爸派人来训斥他时，把人家怼得哑口无言。

路易不断地挑战查理七世的耐心与权威，终于让这个好性子的父亲也到了忍无可忍的地步。

1456年，查理派出军队前往路易的封地去捉拿他，叫人务必把这位天天作妖的王太子给带回巴黎。他知道路易在多菲内没有军队，以为这次定是手到擒来，路易很快就会回来跟他乖乖低头认错。

很显然，他低估了儿子要跟自己对着干的决心。

4 达·芬奇刚崭露头角时路易十一就过世了。确切地说，达·芬奇画成第一幅《岩石圣母》时，路易便驾崩了。所以两人刚好错过。

路易为了躲避父亲的追捕，竟然逃到了父亲的老仇家——勃艮第公爵菲利普——那里寻求庇护去了。

这次查理是真气急败坏了。

他与堂哥菲利普公爵的仇怨没个十天半个月都说不完。

查理虽然一直鸵鸟着不承认，但菲利普的父亲就是遭到他的出卖才惨死的。他知道如果老天给菲利普一个机会，这位勃艮第公爵恨不得生吃了自己。

但人世间不如意事十有八九。
反正过了这多年，菲利普也没吃成他。

较劲了半辈子的堂兄堂弟，如今也都年岁渐高，有点折腾不动的他们，前些年甚至还签下了和平协议。

然而签了协议，不代表这心里就不是仇敌。
所以查理尤其不愿意让菲利普看笑话。

而菲利普呢，已经老了。

他那些曾经想自建王国的雄心壮志，早已随着时间的推移而烟消云散了。现在的他，只想在美人美酒佳肴中，享受自己最后的人生。当然，如果能顺便给查理七世添添堵，那就再好不过了。

因此他张开了双臂，热情地欢迎路易这位子侄到自己这里来‘度

雅克·勒·布克 《路易王太子》粉笔画 16世纪

假’。他还十分大方地分给了路易一座城堡，诸多仆人，以及年金供养，叫路易把勃艮第当成自己的家，想待多久就待多久。

查理七世连续跟菲利普要了好几次人，他都假装没听见。气得最后查理跟他撂话说，“你收留的是一只狐狸，他总有一天会吃光你的鸡！”

世人都说知子莫若父，查理也一语成谶。

最后勃艮第公国就是覆灭在了路易的手里。

不过那都是之后的事儿了。

现在的路易，专注的只有一件事，那就是他何时能登上法国王位。

等啊等，这一等便是五个寒暑。

但路易早已不是16岁那个说篡位便举兵的毛头小子了。现在的他，像只正在看着猎物垂死挣扎的蜘蛛，有着无限的谨慎与耐心。

终于，在1461年，一个烈火烹油般的盛夏，查理七世驾崩了。

他临死前仍然不忘召唤这个大儿子回来。

但他是等不到路易的。

路易十一是个意志力极其坚定的人，这种人通常也都是铁石心肠的。他既然早已决定把自己父王给等死，那么他就一定会做到。

毕竟成功在即，他又怎么可能在这紧要关头感情用事呢。

多疑的路易明白，越是到最后，越是要慎重。

因此不管查理怎么呼唤，
路易就一直稳坐在勃艮第与法国的边界，不肯入境。

直到，查理的丧钟响起了第一声，路易才终于翻身上马。

他头也不回地奔向了早已在自己心中描绘多年的目的地：

法国，兰斯。

大蜘蛛的归来

兰斯大教堂从六百多年前开始，便是法兰西国王的加冕之地。

法国人只认兰斯大教堂出来的国王，别的地方加冕的那都不作数。

当初连自己的怂包父亲查理七世都咬紧了牙关，深入敌军险地，只为了能在兰斯大教堂戴上王冠，路易十一如今更是不肯出任何差错。

如果说之前的他是不动如山，那么现在的他就是归心似箭，恨不得插翅飞到兰斯去。

路易走的那叫一个快马加鞭，所有会放慢他速度的累赘都被他给丢在了勃艮第宫廷里。当中就包括他新娶的那位太子妃，萨沃伊的夏洛特公主。毕竟妻子可以再娶，王位却只有一个。现在可不是本末倒置的时候。

他走得十分之干脆，完全没有考虑到被他留下的人气氛会有多尴尬。

路易直接把自己妻子甩下的举动震惊到了勃艮第的所有宫廷人士。

面对一位连表面功夫都懒得做的人，大家也是不知道说什么好。

让·杜·提勒 《法国国王卷轴：路易十一》 16世纪

当然，被他的肆无忌惮弄得最窘迫的还是他那位才19岁的小妻子——天知道路易把所有家臣都给带走了，她身边连个可以用的人都没有[5]！

5 中世纪时道路并不安全，宵小盗贼比比皆是。贵族女子们也不会独自上路，她们必须有身份一样高贵的男性贵族或骑士队们护卫着才敢远行。否则很容易遇到危险。

最后还是勃艮第的世子妃看不下去，分拨出了一些自己的马车和骑士给了夏洛特用，她才得以上路，追在路易的后面回到了法国。否则天知道路易十一什么时候才有空能想起她！

是的，在那个人人都高举'骑士精神'这面大旗的中世纪，路易十一完全不care这些不切实际的东西。

佚名 《萨沃伊的夏洛特》 17世纪

路易的文武百官们很快就发现，他们这位新登基的国王根本不在乎什么名声啊、荣誉啊、面子啊。这些对他来说，都是虚的，统统不重要!

他从不在意别人的褒贬，因为他压根就没想过要做个好人。路易十一的目标一直以来只有一个，那就是‘让法国再次伟大起来’。

为了这个目标，他什么事儿都做得出来。

众人也察觉出，路易十一和他父亲查理完全就是两样人。

首先，路易是个实干派。
而且说干就干，一点都不带拖拉的。
他上台后的第一件事就是大力推动商业发展。

这不是说说而已，路易是真的会下到地方城镇微服私访。
他还经常与平民商人们坐在一起商讨，到底如何能改进当地经济。

为了鼓吹贵族们也下海去做生意，他甚至把前朝对贵族阶级的经商禁令给一并撤消了。

紧接着，路易重新规范了中央税收系统，让全国的税务更加地统一起来。

作为一位非常不怕得罪人，且人人都怕得罪他的君主，路易还大刀阔斧地砍掉了官僚系统中许多无用的职位，让瘫痪多年的法国政府，终于有效率地运作了起来。

不仅如此，路易还开始大肆提拔中产阶级出身的有志人士。

商人、律师、会计，这些没有背景却有才干的人们，都在他的统治下节节高升。

他们的掌权，在制衡了大贵族们的同时，也让路易十一更加安心。他知道这些人都是靠着他才得以升天，他是他们所有的依靠。这也让他无须像提防贵族们那样提防这些中产新贵。

不过归根究底路易还是不相信任何人的。
这也是为什么，他上位之后的另一件要事便是修路。

是的，修路。

他要用官道把法国境内的城镇都与巴黎连接起来。

这么做不单单是为了便利通商，更重要的是为了方便他搜集信息。

他在所有主路上都修建了邮寄站，让他埋伏在各地的特务们可以随时往站点投送情报。法国任何地方的风吹草动都会在第一时间内送达巴黎。

巴黎就此变成了法国的心脏。

而路易十一这个让敌我都闻风丧胆的情报网，不仅仅止步于法国境内。人们甚至说，这世上白天发生的事，到夜幕降临时，法国的路易王都能知晓。

路易就这样凭着手中收集的信息关注着，甚至操控着，境内与境外的各种人与事。

不过和这个间谍网络比起来，让周遭人更惊更怯更惧的还是路易十一的记忆力。据史官们描述，路易的大脑就像个无底的黑洞，只要读过的信息，他就全部都能记住。

他还经常借此恶趣味地去整那些不老实的下属。

他先是假装自己不知道情况，叫对方先说。然后，等人家洋洋洒洒地汇报完毕，他便笑眯眯地说出自己得来的那些更完整的信息。

差不多所有官员，都曾被自己这位陛下的‘笑容’给吓出过一身冷汗。

廷臣们都让路易十一给搞得战战兢兢且神经兮兮的。

但路易完全没觉得自己做的有什么不妥。
毕竟，#You have nothing to fear, if you have nothing to hide. ◡̈ #

他就像古希腊神话中的不和之神厄里斯——所行之处，纷争与猜忌如影随形。当然，和厄里斯一样，路易也很乐此不疲就是了。

路易十一的史官就曾感叹过，
自己这位陛下最开心的时候就是在算计人的时候。

没有阴谋在路易心里是卑鄙的。它们只分成功与不成功而已。

他曾为了阻止英国与勃艮第的联姻，派出舰队假扮海盗，意图在海上拦截英国公主的船只。若不是赶上大雾，英国的白玫瑰公主可能真的就被这些“海盗”给逮住了。

路易的意志力太过强大，心机又是那么的深沉，并完全没有任何道德下限，这让所有人都只能老老实实地折服在他的王座下。

毕竟当一个人从地位、智商、甚至耐心都碾压你一大截的时候，你还能做什么?

众人臣服在路易的脚下，他们敬畏地称他为“万能的大蜘蛛王”（*The Universal Spider*）。阴谋是他的蛛丝，诡计是他的蛛网；而他们每一个人都是他的猎物，整个欧洲都紧紧地被他笼罩在了这张网中。

那些心有暗恨的人甚至忿忿地说，
身矮腿细胳膊长的他，长得也像只蜘蛛!

不过路易也从来没有在乎过这些‘讽刺’罢了。
相反他还挺喜欢这个称谓的。

是的，作为一国之主，他真的没有任何偶像包袱。

这不只是在心理上，在形象上他也是同样的放飞自我。

哪怕在路易十一的爷爷‘疯王’查理六世那段最艰难的岁月里，法国宫廷也都还是欧洲时尚享乐风潮的指向标。

佚名临摹让·富盖
《蛇与路易十一》纸本墨水 16世纪

但到了路易这里，他一扫前朝奢华气氛，兴起了简朴风。

他常穿旧衣服不说，对华丽的料子也没什么兴趣。微服私访时，披起平民才用的布衣更是没有丝毫压力。他如此不care fashion，简直不像是个法国人。

小时候那段差点吃不上饭的日子应该是触及到了灵魂深处，做了国王后的路易也不爱别人到他这儿来蹭吃蹭喝。

他很少开大宴，对比武啊、狂欢啊、庆典啊这类花钱的玩意儿也始终提不起什么热情。

他嫌巴黎的圣保罗王宫太大，养起来费钱，就不怎么去住。

他自己不住，也不让老婆孩子住。

严以律己，也严以律人的路易，把夏洛特与几个孩子都放到了法国中部一个小得不能再小的城堡里居住。可以说，那里再小点，就不能叫作城堡，只能改叫别墅了。

不过请不要觉得路易是在怠慢老婆孩子。
他对自己也不怎么讲究排场。

他的‘简陋作风’在雇养廷臣这方面，更是体现的那叫一个淋漓尽致。

别的国王们，为了面子也好，为了凸显身份也好，都很热衷于让一堆不管有用没用的人围绕在自己身边。毕竟堂堂王室宫廷，连个拍马屁的人都没有的话，岂不是太寒酸了。

但路易就不。他就喜欢一个人待着。

就算叫大臣们来上朝开会，散朝后也会叫人家立即滚蛋。
谁知道呢，可能是讨厌给这帮废物们管饭吧。

但说实在的，大家也不爱和他一块吃饭。没别的，吃不惯。

有回他好不容易大方一次，邀请米兰来的大使跟着他同吃同住。然而，才过了没几天，人家就受不了他那艰苦朴素的作风了，连连告辞求放过。

唉，也是太天真。

也不想想路易十一的恩赐是那么好拒绝的吗？

素来就爱以戏弄下属为乐的他，拉起人家的手，语重心长地说还有许多话要说，硬逼着对方又跟他‘促膝长谈’了半个多月——活生生地把人家米兰大使给饿瘦了三圈儿。

其实相较于待在一个地方，路易更喜欢做的是带上些许心腹，轻装简行，游荡在去往法国各省的路上。

这样一来，他可以去住臣子们的家，二来，可以随时突击抽查地方政府，看看是不是又有人贪他的钱了……他这多疑的性子这辈子是改不了了。

当然，如果附近没有臣子的家，他也不介意去平民们的农舍里借住一下。

路易十一的这番‘亲民作风’得到了老百姓们的一致赞扬。

然而他的臣子们并不想得到这种赞扬。

大家都让好日子养得一身娇贵皮肉，哪个也不爱上山下乡。可是这些能跟随路易御驾走的人，还都得感恩戴德地跟着吃菜咽糠。

一切只因这路上即朝堂。

路易常常一边骑马，一边跟臣子们商量政策。
法国许多政治决策都是在这乡间的马背上定下来的。

这许多人想来还来不了呢。
自然那能来的，就算拼了老命也得谢主隆恩。

一个又一个，那些在他父亲面前趾高气昂的贵族们，在路易面前软了下来；一片又一片，被英国摧毁的地方经济，也都渐渐地缓了过来；一点接一点，曾分散在诸侯手上的政权，也都逐步回到了路易的掌控中。

像只蛰伏在暗处的大蜘蛛，
他吐丝、编织、缠绕、收网，没有猎物能逃过他的魔爪。

至此，路易十一的心头上，
就只剩下一根刺还没有拔：吞并勃艮第！

蜘蛛与海

勃艮第是块硬骨头。

那里马肥兵壮，地广税多，财库充盈，还有一个骁勇好战，人称‘勇敢者查理’的世子做继承人。尽管在路易心里，这个世子应当被叫作‘大傻×查理’才对，但给一个傻×雄兵与粮草，他依然能让一个聪明人顾忌不已。

不过路易最不爽的还是勃艮第公爵菲利普建立的那个金羊毛骑士团[6]。法国周边的领主们，甚至包括自己身边的一些臣子，都有他这个金羊毛会的成员。

你说这些本该都跪在自己面前的人，却因为一条金链子，就被拉去到别人的阵营宣誓效忠。这像话吗？

可说实在的，这也怪不了别人。

在15世纪这个中世纪末期，法国王室是欧洲这片大陆上，非常少有的没有自己君主骑士团的国家了。

你没有，别人有，那就只能去别家了呗。

6
勃艮第与金羊毛的故事请看本书第三章：狐狸的金羊毛。

其实法国很早之前有过一个，但因为之后政局的不稳定就被废弃了。你真的无法叫一群连饭都快吃不上的家伙来弄骑士团这种花里胡哨的玩意儿。

但现在不同了。法国政府已经步入正轨，路易的国库也相当充盈。是时候该和勃艮第一较高下了！

蚕食勃艮第的第一步，
就是创建一个可以与金羊毛抗衡的君主骑士团。

而这个骑士团的模样，他早已思量多时了。

·

在法国，有个神奇的地方。
那里潮落成山，潮涨成岛，一直是路易的心头好。

相传8世纪时，大天使米迦尔曾在此显灵。

这位身穿金甲，手举圣剑，与恶龙搏斗的辉煌武天使，托梦与圣僧说：

“在这汪洋与巨石之上，为我建一座寺院，
我将在这里永远守望着法兰西。”

人们对这个传说深信不疑，
因为只有奇迹才能解释这座米迦尔之山的不凡。

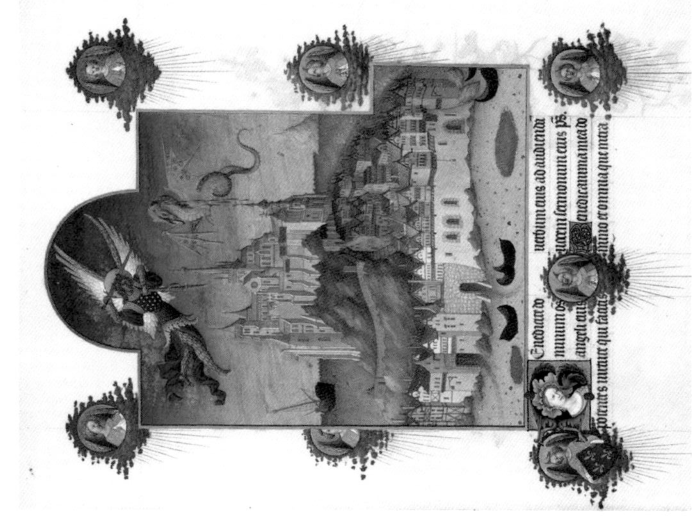

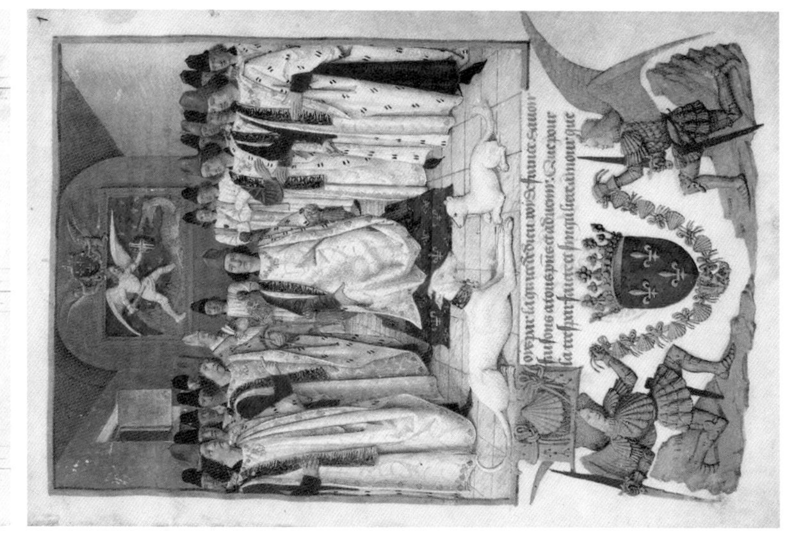

上：林堡兄弟《贝里公爵时祷书：在米迦尔之山上空屠龙的大天使》1411-6
下：让·富盖《圣米迦尔骑士团卷轴：开页》路易十一正坐中央 c.1469-70

它是人类的鬼斧，也是大自然的神工。

在这浪花翻飞的陡峭山岩上，屹立着一座纵向而造的哥特修道院。那里是隐士与僧侣们的圣殿，海水会在每晚月升时，切断这里与世俗相连的一切。

至此仙山变孤岛，无可进，无可出。
天地间只有月华和浪潮还若有若无声。

世上只有孤岛懂孤岛。

路易与米迦尔山就像是硬币的两面一体。
这是一种精神上的吸引，他情不自禁地喜欢这里。

他喜欢这里生命的简单，喜欢这里修道院的幽静，喜欢这海水带来的慰藉与安宁。

这里成为路易避世独处时最爱去的地方。
与灵魂一样，人的肉身也需要时不时地与世隔绝一场。

米迦尔山于路易十一而言永远是不同的。

他相信神迹，也相信自己，米迦尔会守护法兰西，
而他，会带领这个王国再次走向辉煌。

这也是为什么，当决定创办自己的骑士团时，路易会毫不犹豫地以米迦尔为名。

拉斐尔 《击溃撒旦的圣米迦尔大天使》 1518

‘圣天使米迦尔骑士团’是法国王室一等骑士团，由国王路易亲自担任大团长一职。

每年秋天大潮日，骑士们不管身在何方，都会放下一切，奔向米迦尔山与他们的君主聚首[7]。这31名骑士，即是法国举足轻重的人物，也是他路易十一的心腹。

每一位骑士都会被赐予一枚勋章，上刻大天使长米迦尔。正在举剑斩杀万恶之源的他，一脚踩着恶龙，一脚踩在以自己为名的海上岩石上，圣洁优雅，狰狞凶猛，光芒万丈[8]。

悬挂这枚勋章的则是一条纯金打造而成的双结扭丝链，结与结之间由贝壳相连。

它们是环绕米迦尔之山的亚特兰蒂斯海，也是路易此生的箴言与信念：

Tremor of the Immense Ocean
你所见的只是那巨浪间的震颤

#我的背后还有波澜浩瀚的大海#

路易十一无疑是幸运的。

和同时代那些生不逢时的君主们相比，时间和运气都站在了他这边。

7
不过后来到了路易儿子查理八世上台后，圣米迦尔骑士团的聚集地就改到巴黎了。他嫌圣米迦尔山太远。很明显，查理八世并不享受他爸的这份情怀。

8
勋章上大天使长米迦尔的形象最初是举剑，后来慢慢变成了用长矛。这种图像学上的变化在那个视觉文化发展迅速的年代很常见。

佚名 《佩戴圣米迦尔骑士团勋章与项链的路易十一》 c.1470

路易无须等太久，就会在有生之年看到敌人们一个接一个地倒下；他所有的抱负都将实现，所有的心愿都会得偿。

他过世时，群臣顺服，百姓太平，政权集中，国库充盈；
他一手把濒临分裂的法国，再次统一兴盛了起来。

路易的驾崩，也代表了法国中世纪的完结。

正因他打下的好基础，法兰西才顺利进入文艺复兴，并在之后巴洛克时接棒意大利，成为欧洲经济与文化的领军国*。

路易十一是个多彩的灵魂。

他喜怒无常，他妙语连珠，他阴险狡诈，他心机深沉，却也有时意外地平易近人。

像颗锋芒毕露的钻石，每一面都让他的火焰更加的绚烂。

It's a pity he never gets to see the new world he created.

好在海上有山应大梦，

只怜人间无路可长生。#

费力斯·贝诺瓦 《涨潮时的圣米迦尔山》版画 1870

* 他之后的两任法国君主，查理八世和路易十二的时代，算是中世纪末到文艺复兴前的过渡期。法国真正的文艺复兴时代，要从他们之后的弗朗索瓦一世算起。

第五章

鹌鹑、少女与幽兰

——蜘蛛前传

猛虎出白日，国色有天香。
花不刺侠士，虎不惧刃霜。

但丁·加百利·罗塞蒂 《圣女贞德》 1882

路易十一的爷爷，查理六世，本来是有望成为一位明君的。

法国民众当初给他的称号都是*Charles the Beloved*，那个‘受爱戴的查理’。

可就在一切往好处走时，不知为什么，无缘无故地查理开始发起疯来。

他有时会突然暴怒，拿着剑就追着大臣们喊打喊杀，有时又会觉得自己脆弱不堪，全身是玻璃做的易碎人儿，恐惧和任何人接触。

他有时会清醒，有时则会好几天卧床昏迷；但更多时间里是谁也不认识，妻子儿女也都不许近身[1]。他不知道自己是谁，不知道自己在哪里，他甚至不知道自己是国王。

很明显，查理病了。而这个病，没人能治好。

大臣们还特意把已经92岁的老神医纪尧姆·德·哈希尼给请了来。希望他老人家见多识广，能瞧出这到底是什么毛病，大家好对症下药。

这位老神医颤颤巍巍的倒是来了，看也是真的看出来了。但他知道自己治不了这病。这病谁也治不好。

1 近代史学家们认为查理六世患的应该是精神分裂症。

左：佚名 《让·夫瓦沙编年史：突然发狂，举刀砍随臣的查理六世》 15世纪
右：佚名 《让·夫瓦沙编年史：卧病在床查理六世和他的治疗师们》 15世纪

他唯一能做的就是暂时帮助查理六世从昏迷中清醒。但再多的，就得听天由命了。因此没在宫廷待多久，这位神医就找了个理由赶紧遁走了。

不过在临走前，他还是好心地提点了内侍大臣们一句：不要给国王压力，不要让他过于用脑，尽量让他开心，能忘记现实最好。

秉着这个‘药方’，法国宫廷就此正大光明地陷入酒池肉林。

一切以奢华享乐为主，忘记现实为辅。
由王后伊莎布带头狂欢，举办了一场又一场的荒谬派对。

而国王的权力，也在这些花天酒地中，被查理六世身边的各种公爵叔叔、公爵弟弟给瓜分了。

也是法国当有此劫。

这些公爵们，竟没一个是省油的灯。

他们有的挪用国库，有的淫秽后宫，有的逍遥作乐，有的鱼肉百姓，但肯定的是，所有人都在以权谋私，监守自盗。

一时间法国境内民怨沸腾，悲声载道。

‘受爱戴的查理’，也慢慢变成了‘疯王查理’。

法兰西就此成为了一个名副其实的诸侯国。

而就像历史上所有的诸侯国一样，内战也随之开启。

查理的弟弟奥尔良公爵，与查理的叔叔勃艮第公爵为了争夺摄政王的名号，开始冲突不断。宫廷势力也被二人分成了两派。这两股势力尔虞我诈、钩心斗角，把朝政弄得一塌糊涂。这场权力的拉扯，也在奥尔良公爵被当街刺杀后达到沸点。

至此，图穷匕见，两边连掩饰都不再做，真刀真枪地干了起来。

而法国，也堕入进了前所未有的混乱和无政府状态。

内有豺狼，外就有猛虎。

同一时间，英国第二代红玫瑰王——亨利五世——像是被战神附身一样，势如破竹般攻进法国。他一路横扫法军，直逼巴黎城下。

这场为了哄查理六世开心的宴会最后以烈火与死伤告终。
上：「勃艮第的安托尼」大师 《在宴会中着火的众贵族与查理六世》 15世纪
下：玛泽瑞大师 《与皮耶·赛门对话中的查理六世》细节 c.1411-3

许多贵族都在与亨利五世的对峙中被杀死，而活下来的也都被吓破了胆子。

为了保命，查理六世被迫签下了法国历史上耻辱的特鲁瓦条约。当中自己不仅要把女儿嫁给亨利五世，还要割地丧权、王冠易位。

他在条约中保证，自己死后，法国的王位将会传给亨利五世以及亨利五世的子孙后代[2]。

我们的大蜘蛛王，路易十一的父亲——未来的查理七世，现在的查理王太子——就这样被一纸诏书，剥夺了继承权。

一切看上去都已经无力回天。

亨利五世那么年轻，那么骁勇，那么身强力壮，如狼似虎，查理王太子觉得自己就是再投十次胎，也打不过这位红玫瑰王。那些年，他非常的绝望。

更绝望的是，他身后的大臣们还个个都一脸期盼地望着他。那种等着自己带领他们高歌凯旋的目光，真的让他很崩溃。

天知道，他根本不会打仗啊。

你让他做做样子，几千人打几百这种他还行。

2 因为查理六世精神不稳定，所以最后协议是由伊莎布王后以丈夫的名义代签的。

佚名 《奥尔良公爵之死》 c.1470-80

你让他真去和亨利五世这种钢铁战士打，那还不如现在就杀了他。

是的，查理王太子好多次都想撂挑子不干了。

他想，自己干脆跑到伊比利亚半岛躲着去算了，反正他也不一定非要当国王。若不是大臣们哭天抢地、以死相逼地拉着他，他早跑得不见人影了。

不过这些人拉得住他的身，可拉不住他的心啊。

最后真正稳住他的，还是他那位丈母娘——阿拉贡的幽兰达。

早在亨利五世还没打进巴黎前，查理王太子就察觉出了势头不妙。像个逃难中的鹌鹑一样，带着属官他就咕咕咕地跑去了他丈母娘管辖的地区躲着去了。

幽兰达是西班牙文‘紫罗兰’的意思，和这个名字的中文翻译一样的动人。阿拉贡的幽兰达也的确人如其名，在没出嫁前就曾被赞誉为“基督世界中最貌美的公主”。

但不要被这美丽的名字和美丽的脸给骗了。

查理的这位丈母娘人称“四境之王”，彪悍异常[3]。

她脸虽是空谷的幽兰，心却是出闸的猛虎。

史官们都说，只有她的凶猛能比她的美貌更传奇。

她曾对内廷派来管理她封邑，一位（非常不合她意的）地区主教喊话说：踏进她的城池一步，就做好准备让自己的脑袋与脖子分家。

这位同样出身贵族阶级的主教，被她吓的那是掉头就跑。他深知这位美人的名声。她可没在开玩笑。

路易十一这辈子是对谁都没好话，看谁都是个大傻×。他觉得大臣们是白痴，儿女们是蠢货，自己的父亲更是个软弱的loser。

3 她继承权里含有西西里、耶路撒冷、塞浦路斯，以及阿拉贡四个境域。其实这些地方人家自己都有男性继承人，所以不是她的。但她根本不管那套，直接就把‘王’的名号加在了自己名字前。别人打不过她，就只能随她去了。

奥古斯特·科德 《被就走的查理王太子》 1828

上：**佚名** 《祈祷中的阿拉贡的幽兰达》 15世纪

下：**佚名** 《接受圣路易教导的路易王太子》 c.1401–15

这位路易王子正是查理七世早殇的哥哥之一。

但他对幽兰达却是一直怀着崇敬之情的。
事实上这对祖孙的性情在很多方面也十分相似。

年老时的路易十一曾十分怀念地提起过这位外祖母，说她是“一颗男人的心被困在了女人的身体里”。

这差不多是路易十一对一个人的最高评价了。
当然，她阿拉贡的幽兰达也当之无愧就是了。

在查理王太子从巴黎出逃后，他的母亲伊莎布王后就曾发下懿旨——召唤他立刻回来——交出王太子的封地和大印，并接受英国人的囚禁。

接到旨意后的查理，又再一次像热锅上的老鼠一般，上蹿下跳了起来。

但就在他第n次准备收拾行李逃往伊比利亚半岛时，幽兰达直接把巴黎来的传令官给扔了出去。并且叫人传话给伊莎布王后说：

王太子哪儿都不会去。
有种她就自己来带他走。
Come and get him, if you dare.

伊莎布dare吗？她当然不dare。

伊莎布哪有那胆子。
就是老天再借她十个胆子，她也不敢去和幽兰达抢人。

这位王后和她儿子一样，都是个柔懦寡断的软性子。这种人在盛世也许还能是个平庸却仁慈的君主，但在乱世那就是等人来碾割的杂草。

因此到最后，伊莎布也没把查理给带回巴黎。

如此这般，查理终于在丈母娘的封地中踏实地待了下来。

很多学者认为，也正是有了幽兰达的这番庇护，查理七世才没有像几个哥哥那样，早早就死于各种“神秘疾病”之中[4]。

幽兰达一面安抚这个女婿的情绪，叫他不要再说什么不做国王也行这种傻话；一面替他找盟友、拉关系、招兵买马。

不仅如此，幽兰达还着手调教了一批女子，潜送去到各个贵族府上做情妇，借机为她收集情报。她需要随时知道各方势力都在想些什么。而有些话，男人总是更容易对女人说。

和外孙路易十一一样，幽兰达也沉迷于培养特务这件事。这祖孙俩都坚信‘特务就是信息’，而‘信息就是力量’。

每个人都看得出来，幽兰达对自己女婿登上王位这

4 查理七世是查理六世的小儿子，本不该继承王位。但他的两个哥哥，在几年前接连过世，都享年18岁。死因不明。史官们猜测是死于毒杀。

件事势在必得。查理一定会是国王，她的女儿也一定是王后。#这辈子没有第二个选择#

更让她坚定了决心的是，查理六世与亨利五世竟都意外地前后脚驾崩了，前后相隔不到3个月。

你说查理六世患病多年，身体老弱，驾崩不奇怪。可英王亨利五世正值壮年，也并无宿疾，突然就这么没了，难道这还不算是天意吗[5]？

是的，幽兰达深信这就是老天的安排。

她如今更是铁了心的要把女婿给弄上王位。

然而，她很快就发现，并不是所有人都和她一样，有着这般强烈的信仰。

她的女婿就很明显没有受到这番感召。

随着时间的推移，幽兰达算是看出来了，自己这个女婿是越来越乐不思蜀。

查理六世和亨利五世都驾崩好几年了，他却还在自己附近窝着呢。而法国卢瓦尔河以北的省份，也都仍然还在英国人的手中。

查理虽然在自己父亲死后，发表过诏书，声明自己才是真正的法兰西之王。

5 亨利五世的突然离世让所有人都很惊讶，正值壮年的他，死时年仅35岁。学者们一致认为，他若是活下来了，欧洲的版图将会大不一样。亨利五世与另一件大珠宝的渊源将会在《珠宝传奇IV》中出场。

可这世上又有几个法兰西之王是连巴黎都进不去的?

那些不敬的人们甚至还称他为‘查理王太子’，暗讽他还没有受过加冕这件事。还有那更肆无忌惮的，直接就嘲笑他乃‘布尔日之王’，是一位成天窝在布尔日城中，不肯北上的‘陛下’。

但查理当然不想北上了。

盘踞在法国北部的英军，对查理来说简直就是噩梦一般的存在。他才不会自己凑上前去让人打呢。因此谁说也没用，他就是缩在了卢瓦尔河以南不肯动窝。

就在查理准备在南部龟缩一辈子时，老天给他来了一剂猛药。

1429年，奥尔良被围城。

作为南法最重要的屏障，奥尔良一旦沦陷，英军就可以横跨卢瓦尔河，长驱直入，一路向西，直攻查理的腹地。

时局到了生死关头，一切似乎都不能再糟糕了。

查理带着他的属官们，再一次撤回了幽兰达的主封地内，并在希农城建立起了临时宫廷。

也是患难见真章。你不要看查理这人又怂又懒，总是动不动就一惊一乍的，像个鹌鹑蛋一样。但这是个儿女情长的，这种人做什么都讲究个‘良心’二字。

这次臣子百姓们都说，除非天降神兵，否则法国南部肯定是保不住了。

也觉得自己可能真得跑路的查理，到了希农后的第一件事，就是把老婆孩子赶紧都给叫到了身边——他要举家一起逃跑！

也是到了此时，一直独居在附近城堡的小路易十一才被接来了与父母家人团聚。

不过他注定是跑不掉的。

这还没来得及收拾铺盖呢，命运就又一次有了反转。
历史有时的转折，能比任何文人笔下的奇思妙想还要出人意料。

就在这前途未卜、光景至暗的时刻，奥尔良那边来了一位少女。

这位相貌朴素，衣着简单，从小生长在乡下的姑娘，虽然大字不识，却坚称自己得到了上帝的启示，要见‘查理国王’。

人们笑话她，奚落她。
他们问她，上帝到底是如何‘启示’她的啊。

谁知这位少女却给出了中世纪史上一段极为浓墨重彩的玄妙描述。

她说，有天自己正坐在屋内织布时，窗外突然闪现出强烈的金光，就在她以为自己要被这光芒刺瞎双眼时，只见那有着五彩重翼的大天使长米迦尔，身穿盔甲、手提长剑，带领两位圣人来到了她的面前。

尤金·罗曼·瑟闰 《聆听米迦尔大天使声音的圣女贞德》 1876

他们告诉她必须要去到查理身边，因为他是真正的法兰西之王，让他戴上王冠乃是神的旨意，而她的使命便是帮助他把英国人赶出法兰西。

她说得声情并茂，连大天使米迦尔举剑的模样都形容得言之凿凿。许多人都觉得自己不得不相信她。毕竟她只是一位没有见识的乡间少女，若不是真的见过了这番‘神迹’，又岂能描绘得如此精细?

然而，查理和大臣们却并不买账。

江湖骗子那么多，谁知道她是谁啊。

就在这位少女差点被轰出宫廷之时，没想到幽兰达竟站了出来。
她当众为这位姑娘打了保票。

幽兰达心里很明白，都到这份儿上了，死马只能当活马医。就算是个神棍，也比大家落荒而逃的好。因此她强烈推荐查理给少女一个机会。

很明显，幽兰达不是那种能接受别人对她说“No”的人。

于是在丈母娘的淫威下，查理决定见一见这个村姑。
就当……哄丈母娘开心了。

可他还是准备嘲弄一下这个大胆的刁民。

在传召这位少女觐见前，查理把自己的衣物首饰与一位廷臣调换了一番，紧接着他又站到了属官们的行列中把自己给隐藏了起来。

多曼尼科・帕佩提
《觐见查理七世的圣女贞德》
19世纪

他倒想要看看这位‘显灵’的少女是不是真灵。

谁知这个少女刚一进殿，就一眼认出了查理。她一下子就跪到了查理的面前，抱住他的膝盖就高喊：“上帝会给予你一个幸福的人生的，我甜美的国王”。

大家一听都被唬了一跳，觉得，哟，这村姑可能还真有点门道。

只有查理一人还在做垂死的挣扎。他一个劲儿地推搡着说自己不是国王，旁边那个打扮最华丽的人才是。可这个少女就是抱着他的膝盖不放。两人便这样非常不成体统地撕扯了半天，逼得查理最后不得不承认自己就是自己，这位少女才放了手。

现在，查理也有点信了。

他屏退左右，与少女密谈了好久。

克莱曼·德·法克曼博格 《圣女贞德》细节 1429年5月10日
这幅是贞德在世时唯一一位同时代人所画的她的模样。它其实是这位大臣随手画在议会文本上的涂鸦。

这个神奇的姑娘说他乃天命之主，是注定的法兰西之王，而她就是上天派来帮助他夺回王冠的。更奇妙的是，眼前的少女还知道许多他心底间，从没有告诉过任何人的秘密。

两人此番的长谈，让这位王太子的信心逐渐回了来。

如果一切都是上天的安排，那他还有什么好怕的？
他决定不跑了，踏踏实实地去做这个国王！

自信心突飞猛长的查理，甚至答应了这个少女的请求，授命让她作为将领，带领自己所剩无几的军队，前往奥尔良迎战英军。

想当然，查理的这个决定受到了男性将领们的一致反对。

他们才不要一个女人对他们指手画脚呢，尤其还是个目不识丁的乡野丫头！再说了，他们都做不到的事，一个女人又怎么可能做的到？

就在一堆人的叫闹搞得查理又要怂时，幽兰达又一次站了出来。

她力排众议、当即拍板，并真金实银地支持这个少女。

幽兰达不仅自掏腰包给这姑娘买坐骑、买盔甲、买各种行军用品，还给她拨了一支队伍单独由自己发军饷。

她挺这个少女的架势如此明显，搞得谁也不敢再说什么。

你懂的，大家也就欺负欺负软柿子查理罢了。
哪个又敢对阿拉贡的幽兰达说个“不”字呢。

这位少女便这样，名正言顺地加入了法军。

少女的名字我们都知道，她便是历史上那位如流星般横空出世的圣女贞德。她就此一路高歌，以迅雷不及掩耳之势，攻进了法国北地，打得英军节节败退。

法军在她的带领下反守为攻，如一柄终于出鞘的锋利匕首，杀得英国人落荒而逃。

不到两个月，奥尔良城便解了围。
法国南部终于保住了。英军开始往北撤退。

现在，英法双方都相信她是天使送来的少女了。

一位17岁的少女，做到了那些久经沙场的老将们都做不到的事情；

人们只能把这一切归功于超自然现象，才能解释这一场场战役莫名其妙的胜利。

反正查理是非常相信此乃上天对他的成全。

也正是这一波又一波的捷报，让这位跟在贞德军队后面的鹌鹑王子，做出了可能是自己这辈子最疯狂的决定——他要趁着英军撤退，急速北上，前往兰斯城，加冕为王！

这是一个风险非常高的决定。因为对仍然身处南部的查理来说，兰斯不仅比巴黎多出两倍的距离，更是深入敌军腹地，随时都有被抓住的可能。

可想而知，许多大臣是反对查理如此冒进的。

但查理这回像是打了鸡血一般，非常坚决地要北进。

事实证明，命运真的会眷顾勇者。#哪怕他平时是只鹌鹑#

之后发生的事情，有如奇迹。

不到一个月，查理一行人便抵达兰斯。
这一路逢凶化吉、遇难成祥，走得出奇的顺利。

兰斯的民众们亲自打开了城门，迎接查理，也迎接那位屡创奇迹的圣女。就此，神圣的油膏终于被抹在了查理的额头上，王太子也终于成为了国王。

左：安格尔 《身在查理七世加冕礼上的圣女贞德》 1854
右：朱力·尤金·勒普午 《在兰斯参加查理七世加冕仪式的圣女贞德》 1880s

* 亨利六世——英国亨利五世唯一的儿子与继承人——两年后在巴黎圣母院也举办了加冕仪式。然而巴黎圣母院并不是法兰西国王的传统加冕地，因此许多人并不认可亨利六世"法兰西王"的身份。除亨利六世在内的七位国王外，其余法国国王直到法国大革命前都是在兰斯大教堂完成的加冕。

正如150年后莎士比亚会写到的那样：

Not all the water in the rough rude sea,
Can wash the balm off an anointed king.
汹涌怒海中所有的浪涛，
也洗不掉天命君王额上的圣膏。

从此，查理七世便是法国人心中无可争议之君了。人们称他为‘凯旋的查理’。英国的小亨利六世就算有遗诏，但在众人心里，他也永远只能是个伪王*。

人们将这一切都归功于圣女贞德，说她是圣天使米迦尔给法国王室送来的救赎。

她英勇的事迹，她悲惨的结局，都成为了世间经久不衰的传奇。

法国人至今都仍然视她为民族英雄。

无数文人学者给她写书著作。她的经历，她的生平，给太多人留下了印记。就连路易十一，都因小时候见过她，而对米迦尔大天使的神迹深信不已。

然而，却很少会有人提起幽兰达。

这位与贞德同一时代，也曾无数次力挽狂澜的奇女子，如今已经快被人们忘记。但没有幽兰达的支持，就没有驰骋沙场的贞德；没有幽兰达的庇护，就没有之后‘凯旋的查理’。

不过也不是所有人都遗忘了她。

400多年后，法国会有一位辛勤的园丁。
他将培育出一朵多瓣圆形的大玫瑰花。

它夺人的丽色，浓郁的芳香，像极了当初那个霸气又妖娆的幽兰达。

并且也与她一样，意外地灵活多变。

它会从初开时的娇嫩淡粉，绽放成明艳的深粉；
然后，在快近凋谢时，再生渐变，成为一朵华贵的雾紫。

这个1843年栽培出来的新品种，正是以‘阿拉贡的幽兰达’为名。

它是玫瑰中的霸主，一朵强势的绝色。

这应该是世上唯一一朵有着‘紫罗兰’寓意的玫瑰花了。

但正如人们说的那样，

#玫瑰即使换个名字，也依然是如故的芬芳。#

第六章

时间的蝴蝶

——蜘蛛番外

点点双飞翼，轻扫山外风。

查理·昂不瓦斯二世，来自法国古老的权贵家庭。

他的父亲是深受路易十一宠信的左右手，生前常替这位大蜘蛛王出面解决各种问题。

从抢夺勃艮第，到解救被绑架的公主；从谈判国土边境，到出兵恐吓做墙头草的各种贵族；查理的老爸什么都能做，还样样都做得好。

查理的父亲能干，查理的叔叔乔治也不弱。

身为红衣主教的乔治·昂不瓦斯，乃现今法国国王路易十二的心腹。

乔治在路易十二还只是奥尔良公爵时便伴随在左右了，算是这位国王的老班底，如今更是深得路易十二的重用。法国在意大利半岛的势力全都被路易十二交给了乔治打理。

乔治也的确有两把刷子。那位曾经专横跋扈的米兰公爵卢多维科·斯福扎，便是败在了这位红衣主教的手里——不仅被擒获，还凄惨地被监禁至死[1]。

所以不难理解，叔叔爸爸都如此声名显赫的查理·昂不瓦斯，成年后很快便被引进了国王的内部圈子，成为了圣天使米迦尔骑士团的一员。

1 有关斯福扎公爵的事宜，请看第七章：征战者的黄钻。

安得列亚·索拉瑞奥
《佩戴圣米迦尔骑士团勋章的查理·昂不瓦斯二世》
c.1507

此画中的他，别着帽章，披着皮草，身穿绣有宝石与珍珠的布料，浑身透着一股子华丽的低调。他没戴多余的珠宝，只有胸前系着金贝壳与双结扭丝链的圣米迦尔勋章，彰显着他法国大贵族的身份。

不过这幅画可不是法国人画的。

这四分之三的坐姿、这烟雾感的光晕，还有背后绵延不尽的雪山与开阔的树林，都让人不可避免地想到那一个人：达·芬奇。

当然，近些年这幅画已被卢浮宫标为了达·芬奇在米兰最忠实的追随者，安得列亚·索拉瑞奥的作品。

但事实上这幅肖像在很长一段时间里，都被人们认作成了达·芬奇的大作。这不光是因为它与《蒙娜丽莎》在构图上十分相似，或是因为索拉瑞奥把达·芬奇的风格拿捏得很好，这更是因为查理·昂不瓦斯与达·芬奇在生前乃是至交好友。

作为乔治·昂不瓦斯的子侄，查理自然而然地被路易十二看做了可以放心用的自己人。他曾把许多重要职位都交给过查理，当中包括巴黎总督、热内亚总督、诺曼底领主、首席宫内大臣、海军总司令，甚至法国大元帅。

但对于艺术史来说，查理所担任过最重要的官位，还是米兰总督一职。正是在米兰，他结识了达·芬奇，以及意大利的整个文艺复兴。

查理第一次在米兰看到《最后的晚餐》时便惊达·芬奇为天人。

他当场就想联系达·芬奇。可因为之前法军的攻城实在太过猛烈，达·芬奇以为自己小命不保，便早早卷铺盖逃跑了。这次的失之交臂，曾一度让查理深深扼腕叹息。

不得已退而求其次的他，只能先和达·芬奇在米兰的那些追随者接触联系。这当中便包括安得列亚·索拉瑞奥。

但模仿者们永远都是再怎么努力都不如正牌的好。

为了弥补自己心中见不到偶像的痛，查理四处叫人搜寻这位大师的作品。现今藏在圣彼得堡的《柏诺瓦圣母》，便曾一度是查理的收藏。

《柏诺瓦圣母》其实是达·芬奇早年的画作，不是他最具代表性的作品。它甚至都排不进达·芬奇的最佳作品之前十。

但对于查理这种狂热粉丝来说，这都不是事儿；
哪怕是达·芬奇的涂鸦他也要收！

左上：达·芬奇 《柏诺瓦圣母》 c.1478
右上：安得列亚·索拉瑞奥 《玛丽·抹大拉》 c.1524
左下：佚名 《红衣主教乔治·昂不瓦斯》纸本炭石 16世纪
右下：让·佩雷尔工作室 《戴着圣米迦尔勋章的路易十二》 c.1514

达·芬奇 《纱槌圣母》 1501

也像所有合格的死忠粉一样，查理·昂不瓦斯也爱到处安利他家爱豆。他把达·芬奇——以及有着达·芬奇画风的艺术家们——统统推荐给了法国的同僚们。自己的叔叔乔治，更是受到了他的日夜强推。

乔治也是个识货的。他在看过后，转手又大力地把这帮意大利画家推荐给了路易十二。

而国王的品位，就是众人的品位。

于是，法国上下就此开始掀起一股意大利热。
人人都想要从意大利弄件艺术品回来挂家里赶潮流。

路易十二的国务大臣罗博泰，就是在这段时间里花了重金从达·芬奇手中抢到了那幅《纱槌圣母》的。

相比之下，查理的叔叔乔治则走的是一条更经济实惠的路线——他向达·芬奇的追随者们定制了一堆'达·芬奇风'的作品，运回到了自己在诺曼底附近的宫殿里做装饰画。

乔治·昂不瓦斯其实也想要达·芬奇的画作。毕竟谁不想呢？

然而谁都知道这位大师的拖延症是多么的厉害，有钱都不一定能买到。面对这种随心所欲的天才，大家早已学会了佛系与随缘。

但查理·昂不瓦斯做不到随缘。是的，每一位真爱粉的内心深处都燃烧着一股名叫'执念'的火焰。#怎么扑都扑不灭#

查理一直没有放弃与偶像结交这件事。

在他第n次写信给达·芬奇后，这位云游不定的大师，终于接受了查理的邀请，并于1506年时重返米兰。

这场粉丝与偶像迟来的见面会非常成功；
查理觉得与达·芬奇相见恨晚，达·芬奇也与查理相谈甚欢。

有着这位米兰总督的庇护，达·芬奇再一次在米兰待了下来。

他依然还是老样子，接了人家查理一堆订单，但一件也没完成。

不过查理也不催他。
他要的一直很少——只要爱豆在自己身边就好！

文首中的肖像画便是这段时间的产物了。

它虽然很可惜不是达·芬奇的亲笔作，却也无疑是索拉瑞奥在达·芬奇的指导下画出的作品。毕竟它与《蒙娜丽莎》实在是太像了。

达·芬奇也曾有用双手描绘过自己朋友的模样。

他的蜂蜡雕塑《骑士与马》中的骑士，便刻的是查理的样子。尽管这仍然是一件半成品，但不可否认的是达·芬奇还是花了不少心思的。

雕塑中的马，骨骸均匀，正在尥蹶子的它，动感十足，一看就是匹上好的烈马。而马背上的查理，则与之相反；身姿稳健的他，无视坐骑

达·芬奇 《最后的晚餐》 1495-8

的脾气，气定神闲地藐视一切，顾盼间，还透着一股轻扬马鞭看落花的劲儿。

这种无论何时都在掌控中的从容，便是‘贵气’二字了。

达·芬奇无需家徽，也不用任何贵族盾牌符号，光靠人与马之间的反差，就刻画出了查理·昂不瓦斯二世那堆积了好几代的通身气派。雕塑的全身上下，也只有大腿两侧的‘贝壳护甲’微弱地影射了一下查理圣米迦尔骑士团的身份。

正是这种靠表情与肢体语言就能表达出内容与身份的本事，让达·芬奇当初《最后的晚餐》一炮而红，也让查理念念不忘，有了这番回响。

这件不到25厘米高的小塑像其实是为了真人比例的纯铜骑马像捏的草稿。

达·芬奇 《骑士与马》 c.1508-11

可惜的是，因为查理的早逝，项目便搁浅了。

查理不到38岁便过世了。
连史官们都说，“死神带他走得有些过早”。

不过他这短暂的一生，也是何其的重要。

是他第一个把意大利的文艺复兴风吹向了法国，
也是他为达·芬奇之后的退隐铺好了前路。

正是因为查理，法国未来的国王弗朗索瓦一世才在还做王子时，便熟知了达·芬奇的名字。这位法国著名的文艺复兴国王，在登基后不到10个月，便火急火燎地前往意大利拜会大师，并在见面后，盛情邀请达·芬奇前来法国安享晚年。

至此，方留下了一段艺术史上君臣相得的佳话。

查理·昂不瓦斯二世，就像是历史长河中的一只蝴蝶。
看上去微不足道，但给予时间，薄翼的颤动也能引起海啸风暴。

人们很少知道，组成历史的，便是这一只只转瞬即消的蝴蝶。

第七章

征战者的黄钻

朝戴王冠，暮入土，玉奴小拨弦索，
风尘中，只留宝珠一朵，王孙如今何驻？

尽随关外花与骨，与那东风别舞；
叹世间，柳如昨，月似古，英雄谁属。

被镶成帽饰的「征战者黄钻」报纸照片，19世纪

楔子

有这么一颗钻石，曾一度是世界之最。

它重137.27克拉，呈不规则九边形状，双玫瑰切割，一共126个切面，约是一颗未砸开的核桃那么大小。

在17世纪之前，欧洲没有任何钻石比它更大。

更难得的是，它还是一颗黄钻。有着鲜艳的柠檬黄，和一丝几乎难以察觉的淡绿。来自印度德干高原萨姆巴尔普尔矿山的它，于中世纪末期现世欧洲。

这枚黄钻到底是如何辗转，又历经了怎样的奇遇，才跨越这万水千山，如今已经无从得知。

但我们知道的是，从它浮现在世间的那一刻起，便留下了一路的鲜血、战争，与厄运。

一切，都还要从它的第一任拥有者——查理·瓦卢瓦——说起。

罗吉尔·凡·德尔·维登 《查理·瓦卢瓦》 c.1454

相遇皆归是前缘

查理·瓦卢瓦，是勃艮第公爵菲利普三世与葡萄牙公主伊莎贝拉的独子，也是勃艮第公国的唯一继承人。

为了跟各路同名同姓的祖先以及亲戚们区分开，早期欧洲王室的成员都会被冠以各种绰号与别称。这些别称一般都取自这个人最突出的品质，或做过的最值得一提的事。

例如，查理的父亲菲利普，便是‘善人菲利普’。
像个大善人一样，他不仅肯花钱，还总是笑眯眯的谁也不得罪。

而菲利普的死敌，法国国王查理七世，则是被人们称为‘凯旋者查理’。因为他在百年战争中成功地收复了大部分法国北部。尽管这远远不是他一人的功劳，但这‘凯旋者’的名声还是留在了他的头上。

查理·瓦卢瓦的别号有两个：‘勇敢者查理’与‘鲁莽者查理’。

顾名思义，你大概能感受到他是个什么样的人了。

以第一个名号称呼查理的，一般都是拿他工资的人。
但怎么说呢，大家心里想的都是第二个罢了。

为什么说他这人‘鲁莽’呢，因为真的很贴切。

作为当今世上最富有的公爵‘善人菲利普’的仅有嫡子，也是勃艮第众人翘首以盼许久的男性继承人，查理一生下来，迎接他的便是千依百顺、欢歌笑语。

据廷官们记载，光小查理随身必须带着四处走的贴身玩具，就有两车之多。

他爸菲利普虽然有一堆私生子，但说到底庶出之人不过都是养着玩儿的，那些都作不得数。因此，含着金汤勺长大的查理，还好命地没有经历过任何兄弟姐妹之间的同辈竞争。

过盛的资源，过少的压力，还有太过单纯的环境，都让查理长成了一个刚愎自用、脾气暴躁、不懂变通，且自我意识极其膨胀的男人。

说来，查理的父母都不是这样的人——菲利普圆滑，伊莎贝拉敏锐——两人都是欧洲王族中出了名的精明之辈。

但这对精明的夫妻也是怕了，才会把查理养成了这个样子。

菲利普与伊莎贝拉结婚晚，等怀上查理时，伊莎贝拉已经36岁了。夫妻俩老蚌生珠，自然是宝贝得跟眼珠子一样。

其实在查理之前还曾有过两个哥哥，可惜都没保住，很快便夭折了。因此查理的诞生，在二人心中的分量更是重上加重。

罗吉尔·凡·德尔·维登

《埃诺编年史：勃艮第公爵菲利普带着世子查理接受编年史作者让·瓦克林的献书》 1447-8

菲利普不敢给查理太多压力，伊莎贝拉更是对查理极其宠溺。

在那个贵族子弟一律都用奶娘的中世纪，伊莎贝拉甚至亲自母乳喂养查理长大。当然，这不是说查理就成天傻吃傻玩不上学了。相反，据说他还十分好学。伊莎贝拉和菲利普更是给他找尽了天下名师，来教导这个独苗。

可事实证明，好学不代表就学得好。

‘勤学苦读’说来是一种美德，但其实也不过是‘笨鸟先飞’的另一种描述方式罢了。#聪明才智总是学不来的#

平心而论，不能说查理就是个笨蛋。
可他的脑袋就是不怎么灵光却也是个事实。

勃艮第的史官们就曾很委婉地说，相比那些需要动脑的学术课题，查理世子的“天赋似乎在骑马射箭上要多些”。

当然，查理从不认为自己笨，身边也没人这么说他。大家都夸他聪明、神武、爱读书、知识渊博、学富五车。乍一看那些谄媚之词，你甚至会觉得查理也就比当世大儒差那么一点吧。

不过也要理解这些家臣们。毕竟拿人钱财，就算不能消灾，至少也得说两句好话吧。要不然也太说不过去了。你真的不能怪那些阿谀奉承的人，要怪只能怪分不出好赖话的自己。

很明显，查理就很分不出来。

别人顺嘴说的一些奉承话，他差不多都当真了。

而一个从小被夸到大的人，如果没有些真才实学，难免就会有些迷之自信。身边人不停地夸赞与恭维，也养成了查理一个致命的缺点——无论何时、何事、何地，他永远觉得自己最英明。

一个读不懂书的人，真的就不如不读书。这样至少还能给自己的愚蠢留些余地。而不会像查理这般，总是能做出些莫名其妙的事情。

他有时蠢得都有些不合常理。

·

史官曾记载过这样一件事。

有次查理去地方巡视，恰遇一位喊冤的女子。

原来这女子因为十分貌美，被城里的一位贵族垂涎。
那贵族对她一见钟情，不停求爱，非要强迫她与自己在一起。

可这女子早已成婚，是有夫之妇，并且并不准备发展副业做他的情妇。于是一直以来也都以严词厉色，拒绝了这位贵族的纠缠。

没想到这贵族因求欢被拒，由爱生恨，竟起了歹心。他是城镇市长，权力很大，于是随便寻了个由头，说女子丈夫谋反，把对方扔进了牢里。想着这样他便可以占美人为己有。

谁知这美人也是位烈妇，依然不肯低头就范。

折腾来折腾去，最后这位市长也失了耐心，便跟美人直截了当地说：只要她与自己春宵一度，他便把她的夫君放出来；若是不从，明天就问斩美人丈夫！

不得已，为了救人，美人委身屈从了。

没想到第二天，她前往监狱去接丈夫时，牢房里竟空无一人，只有一具棺材摆放在其中。妇人上前一看，发现躺在当中的正是自己的良人。

原来，他早在市长的折磨下，身亡多日了。

被杀了丈夫，又被骗了身的女子，既愤怒又悲戚，在得知查理公爵会经过此地后，便急忙跑去拦轿申冤，求他为自己主持公道。

知道了前因后果的查理，当即把贵族招了来，问他事情是否如此。

这位寡廉鲜耻的贵族，倒也敢作敢当，很快就承认了。但直到此时，他仍还大言不惭地说，一切都是因为自己太爱这位女子了，是激烈的爱情导致他犯下了这过错！

不过他也表示，自己愿意做出任何事，来弥补这番错误。

查理听了后也不啰唆，当即下令他立马把这女子娶回家。

事情到了此时，一切都还在正常人的理解范围内——有权有势的恶霸，强占良家美貌的妇人——这个故事并不新鲜。随便翻开一个话本子，里面就能有多如牛毛的类似情节出现。

书里的包青天自然会马上铡了这个卑鄙的贵族，但查理的判决也自有个中道理。尽管现在看来，女子作为受害者嫁给施暴者实在是很不可思议。但在中世纪的社会，人们认为这是对一个女子名节最好的补偿。

那时人的角度是，结成夫妻后，之前的所作所为就不算强暴啦。
顶多……算是先上车后补票。

而在他们看来，这位女子的身份明显又比贵族低，这样一来，她的社会地位也将随着婚姻有所提升，也算是对她的另一番补偿。

道理是这个道理。但不代表当事人就乐意。

这位美人就很显然被查理的判决给恶心到了。
当场就十分坚决地说不行！

可人生在世总还有父母家人要顾及。

她的家人们生怕惹得查理公爵不高兴，便轮番上阵规劝这位女子，接受判决，不要再起事端。最后，顶不住压力的她，还是点了头。

查理便马上招来神父，让二人在他面前正式结为夫妻。
并当晚就要人家洞房花烛夜。

第二天一早，那位贵族再次前去拜见查理，说是要感谢他的宽宏大量与英明判决。这个厚颜无耻的家伙，还洋洋得意地对查理炫耀，说经过昨晚，现在那位女子已经非常的“满意”了。

#He really is a vile human being. #

谁知，就在他春风得意之时，查理竟冷笑着对他说：“她也许满意了。但我还没有。”接着，他就把这个惊愕的贵族，给扔进了牢里，并在一个小时内叫人吊死了他。

事成之后，查理又把那女子召唤了来。

他命她即刻前往第一任丈夫待过的监狱，
并向她保证，她一定会在当中发现一些能令她“开心的东西”的。

这位可怜的女子，又一次走进那一间牢房，并再一次看到了一口棺材。只不过这回，躺在当中的是那昨晚刚与她成婚的第二任丈夫了。

很显然，人家对‘开心’的定义与查理的不一样。
当晚，这名女子便因承受不住这接二连三的打击过世了。

美人多舛，合该叹息。

但这里要说的是这个‘鲁莽者查理’。

就这样一个差不多和时间一样古老的案子，竟让他给判出了新的结局：恶霸、民女与丈夫，统统都死得一干二净。竟是谁也没落着好儿。

他的所作所为简直就是效益主义哲学家们的噩梦——如果有一个选

择可以让所有人都不幸，那么查理就肯定会那么选。

当然，也不是所有人都不幸，查理就挺高兴的。

是的，这一案出了三条人命，查理却很沾沾自喜。他认为自己做了一件公正廉明的好事儿，并为自己的铁面无私感到深深的自豪。

北京话的‘二百五’就是专门形容他这种人的。

并且和所有的二百五一样，查理也完全get不到自己的作为有什么问题。他觉得自己很公道啊，他不是已经把那个恶霸给问斩了吗？更加公平的是，因为恶霸杀的是女子的丈夫，他就先让恶霸变成了人家的丈夫，然后再以这个身份受到处决，好让恶霸感受一下第一任丈夫的心路历程。

世上难道还有比这个更公正的判决吗？

他完全理解不了他的判决是多么的多此一举，给女子的身心又是造成了多大的伤害。他也不明白这世上不会有任何法官会为了已逝的受害人，而去再次加害还活着的受害人的。

查理这个案子判得就跟他这个人一样：
冷血又严苛，且完全不通人情世故。

他就像个没长大的孩子，身上总有种不知人间伤痛的残酷。

菲茨威廉大师 《在勃艮第宫廷中处理政务的查理》 c.1475

查理的堂哥，路易十一就很看不上查理。

他认为查理就是个大傻瓜，如果可以都懒得和这个傻瓜废话。

法国的这位大蜘蛛王，在做太子时曾在勃艮第‘做客’过一段时间[1]。那时他就把勃艮第这位世子爷看得透透的了。

相差10岁的俩人，本来就没什么可说的。路易又是个心机深沉的，查理则相反极爱脾气外露。性格上的差异，让二人更是互看不顺眼。

再加上路易此番的‘做客’，把从来都是年轻一辈中身份最高的世子查理，给挤到了第二位[2]。一切的一切都让做惯了宇宙中心的查理，非常地不适应。

不适应，就代表着更易怒。

勃艮第的廷臣们就常说，他们这位世子似乎总有股“娘胎里带来的怒火”。自尊心极强的他，经常会为了些莫名其妙的小事便脸红脖子粗。

路易的到来，更是加剧了查理的这份敏感。

好几次，当着路易的面，查理便开始大吼大叫，他的随从有时都得死拉着他，生怕这位世子爷做出什么过

1
详情请看第四章：蜘蛛、贝壳与海。

2
路易十一作为国王之子，要比查理作为公爵之子的身份高一等。

激的举动。

身边人都知道，查理这人动不动一言不合就拿起东西往对方身上砸。他们拉着他，主要也是怕他习惯性地把东西也往路易身上扔。

路易身份可比他高，万一两边真打起来，到时可就不好收场了。

不过尽管时常有人在劝架，路易在勃艮第期间，仍然是欣赏了不少查理张牙舞爪的模样。

他觉得这个堂弟就是个无脑武夫，一个彻头彻尾的二百五。

有次他在背后笑话查理的话还被人给记录了下来：

“勃艮第公爵的那个儿子，完全不值得一提。不仅愚笨，还没有丝毫常识。是个死板无趣且粗鲁虚荣的野人。还像只狗一样，动不动就会狂吠。”

说着说着路易还会模仿查理面红耳赤时的各种动作表情。

路易嘲笑查理的篇幅很长，这里就不多赘述了。

但总的来说，就是在路易心里，那些不懂控制自己情绪的人，都是猴子。而查理就是只穿着金衣的猴子。

路易十一一直是个很刻薄的人。#rather mean, but extremely funny#
但你不得不承认他看人还是很准的。

跟动物一样，查理处理问题的主要方式也都是以宣泄情绪的暴力为主。他和同阶级的路易吵架是用吼的，和比自己阶级低的，那就直接是用打的。

这点从他的治国政策中就能看出来。

勃艮第公国，领土辽阔，从法国南部能延伸到现今荷兰的北部。各地的习俗、文化、政策、人情都不一样。当中的错综复杂一言难尽。

说白了，勃艮第需要的是菲利普这种圆滑老辣的政客，而不是查理这种动不动就喊打喊杀的莽汉。

如果说菲利普是个刺绣高手，总能悄无声息地就把问题给缝补起来，那么查理就是把愤怒的锤子，所有需要针线细缝地方，他统统都用砸来解决。

民众嘛，总会有不满的时候。
他希望你减轻赋税，希望你改变政策，希望你这个那个。

有时他们也不是为了反抗你，只不过人活一世，都是为了自己的利益，有机会能多捞一点是一点。因此，治理者们很大一部分工作就是和群众们扯皮。

扯皮当然很累，但你也不能不叫人说话啊。大家就慢慢扯呗，总有一方会先绷不住的。统治向来就是一场意志力上的比拼。

可查理不这么认为。

在他看来，统治是一场武力上的较量，是非黑即白的输赢！

他解决问题的方法永远只有一个，那就是镇压+镇压+镇压。而那些菲利普生前一直小心维持的微妙平衡，就这么让查理一锤一锤地给打破了。

可想而知，查理在民众心里是多么的不受欢迎了。

人们讨厌他的暴政，觉得他就是个暴君，和他爸‘善人菲利普’简直没法比。

当然，查理不这么觉得。

他把自己看成那些游吟诗人笔下的伟大骑士，是一个为荣誉而战的盖世英雄。但说实话，他其实做的好多事儿都没什么荣誉可言。

有次，奥地利的一位公爵为了跟查理借钱，就把自己几个城池抵押给了他。大家借债抵押，欠债还钱，因为都自诩君子，所以也没特意签约。

谁知到了期限，人家倒是按时还钱了，查理却想吞了人家的地，愣是压着城池不肯放。翻脸简直比翻书都快。气得对方直骂娘。

这种到处树敌的事查理还做了很多很多。
搞得有些根本没想跟他敌对的势力，也被他拱得是一身火。

但查理不怕。他觉得自己有钱、有马、有军队，就算不是天下无敌，但也差不多了。毕竟真英雄岂会怕斗争！

是的，和书中的英雄们一样，查理也是以武力的胜负来衡量自己的成功。

查理还真的挺看重‘胜负’这件事的。

有次他和路易十一狭路相逢，两军在一个小村庄里对上了。

查理有勃艮第的雄兵两万五，路易的法军勉强能算到一万。

但谁知相差有些悬殊的两边，打起来竟也不相上下。查理更是被法军伤到了要害，当中一刀甚至砍到了脖子。据说再深两寸的话，脑袋都能掉下来。

很明显，这一仗，法军还是很有胜算的。

然而，路易十一并不想和他打。

天知道他可没空跟查理在这儿瞎折腾。
此时的他刚登基不久，需要赶紧返回巴黎稳固政局。

再说了，现在也不是收拾查理的时候。毕竟……他也不能把这个堂弟真给砍了。否则再‘善良’的菲利普也得变身夜叉来跟他急。

所以有什么好打的。打着玩儿吗？
他可不是查理，对打仗这种劳民伤财的活动没什么兴趣。

佚名 《身穿特制金羊毛骑士团盔甲服的查理》 15世纪

于是，到了晚上，这位狡猾的法国国王便趁着夜幕，悄悄地绕过勃艮第大营，连夜拔寨北上，赶往巴黎去了。

这种打架打了一半，对方觉得你很无聊，扭头就走了的情况，换谁谁也得觉得有点小难堪吧。

但查理就是并没有。

他完全感受不到那种被对手撂下的尴尬，相反他还十分兴奋。

第二天，当他发现路易已经撤兵后，便开始大声嚷嚷“胜利！胜利！胜利！”。

尽管这位世子爷才打了一天仗，就损失了一半的兵马，自己的脖子更是血流不止，然而这些明显的败绩都无法阻挡他那颗必胜的心。

在查理看来，胜利就是胜利，谁先叫就算谁的，损失惨重又有什么关系？是的，输人不输阵，真英雄就是失败了也得叫喊赢。#︶#

菲利普晚年时也看出了自己这个儿子的二百五本性。
可惜，为时已晚，一个人的脾气秉性一旦长成，就很难再改了。

菲利普唯一能做的，就是在自己的有生之年，尽量让这个冒失的继承人，远离勃艮第政坛。对此查理还很不高兴，并坚持认为他爸是老糊涂了才会疏远如此能干的自己。

菲利普也不解释，反正也说不通。不过这也让早年相处得很融洽的父子，关系越来越僵，直到菲利普去世前都没有缓和过来。

但这世上有些事，如时间，如天气，如人情，你总是控制不了的。

最后也就都只能是随他去了。

·

1467年的初夏，勃艮第的一代仁君菲利普三世薨。享年70岁。

随着他的逝去，查理也终于开始掌权。

他立即开设了各种豪华宴会，以此来昭告天下：他查理·瓦卢瓦是新一代的勃艮第公爵了！毕竟这好不容易穿上身的锦衣，总不能让它夜行了不是。

据史官们记载，这番即位，四方来贺，勃艮第涌进了各路人群。

当中，就属商人们最多。

他们带着令人眼花缭乱的奇珍异宝，一一来朝拜这位新晋升的勃艮第公爵。

这些人听说，这位刚出炉的公爵虽然没有继承到老公爵的脑袋瓜，却继承到了老公爵的昂贵品位。有的甚至说，何止，这位新爵爷的品位更加昂贵。他连浴盆都是纯银熔造而成的！

事实上，查理也的确没亏待过自己。

早已习惯一切都用最好的他，一上位就开始买买买。

他尤其喜爱收集各色宝石。

人们都说，就算他天天换着佩戴，他身上的珠宝也可以一年365天都不带重样的。

后世许多有名有姓的大宝石，如‘红宝石三兄弟’‘桑西大钻’‘白玫瑰珰’等，都是当年从他的收藏中流传出来的[3]。

也正是在这段时间，我们的那颗黄钻现世了。

3
有一说‘白玫瑰珰’是他第三任妻子，英国的白玫瑰公主成婚后送给他的。也有说是他婚后自己定做的。

我的璀璨有腥风

这颗后来有137.27克拉的黄钻，刚到查理手上时还要更大[4]。

查理把这颗黄色大原石交给了自己的御用宝石切割师，也是全欧洲最著名的珠宝师——罗德维克·凡·博肯打理。

这个名字在珠宝行业里至今都依然是赫赫有名。

凡·博肯被喻为是“解放了钻石火彩”的男人。

正是他发明的滚轮切磨器，让至坚至硬的钻石，第一次可以被切割出更多的折射面。而古老的切法‘玫瑰切’，就是他的拿手好戏。

许多传奇珠宝都是凡·博肯设计的。但要说哪件是他的杰作，他的*Magnum Opus*，那还是非查理的这颗黄钻莫属。

凡·博肯用双玫瑰切割法，把这枚黄钻雕磨成了一颗有着126个切面，既似盾牌，又似水滴的不规则形珠

4 蒂芙尼公司的镇店之宝，那颗传奇的‘蒂芙尼黄钻’也只有128.54克拉重。

宝。从不同角度看，宝石的中央还会呈现出长短不一的九芒星，再加上钻石本身的黄色璀璨，一切的一切都让它每次出现，都光芒四射，耀眼无比。

查理可稀罕这颗大黄钻了。

他总是随身把玩不说，还经常把它挂在胸前当护身符出入战场。这枚钻石也算是陪他见识过不少血雨腥风。

查理登台后强硬的手段、铁血的政策，让勃艮第许多地方都生起了反叛之心。为了镇压这些胆敢造反的刁民，做了公爵的查理更是征战到飞起。

他带着军队四处扫荡，一个也不放过。

最凶狠的一次，查理把列日城内，除教堂外的所有建筑都给烧成了平地。一切，都只因列日城的人胆敢抱怨赋税沉重。

这还是他赢了的后果。
他若是输了的话，情况只能更糟糕。

平生就是不能输的查理，会边撤退边撒气。路经的村庄农舍都会被他烧杀掳掠一个遍，一直到自己气消了才算完。

都道胜负乃兵家常事。

但查理幼时那个千依百顺的童年，让长大后的他无法接受人生中的

‘征战者黄钻’切割示意图与1:1复制品

佚名
《查理之母：葡萄牙的伊莎贝拉》
15世纪中期

一丁点不如意。

说来他那暴虐又嗜战的性子，应该是像他的爷爷‘无畏者约翰’——那也是位话不投机就能拔剑砍人的主儿。反正是不像他的双亲的。有时难以想象，圆滑的菲利普和精明的伊莎贝拉竟能生出如此好战的儿子。

查理有多好战呢？哪怕自己的境内无仗可打——毕竟百姓都想好好过日子——他也会跑到勃艮第境外去没事找事。

人都说千金之子，坐不垂堂。因为坐多了迟早会有瓦片砸头上。

但查理完全没有这种顾虑。

他就跟不怕死一样，三天两头就和人开打，动不动就和自己周边的诸侯们杠上。从科隆到洛林再到奥地利，都有领主和他干过架。

那么查理真的不怕死吗？查理当然怕死。
否则干嘛还走哪儿都把那颗大黄钻护身符挂脖子上？

他只不过是控制不住自己的戾气罢了。他就像希腊神话中的阿瑞斯一样，以战争为乐，情不自禁地被血腥吸引。

可能有些人天生就是要杀戮四方的。
而这种人也都注定要死在沙场上。

只不过谁也没想到，这一天对查理来说，来得那么快。

·

1477年的1月，一个格外严酷的寒冬。

查理带着他的军队来到南锡城外。准备攻城。

在这之前，他已经遭受了好几场败战，人力、武器与马匹均损失惨重，军心也十分涣散。再加上这个冬天极其难熬，大部分来自南方的士兵都扛不住冻，许多人在还没到达南锡城前就已经病死在了行军的途中。

种种迹象都表明，现在并不是攻城略地的好时机。

尤金·博纳德 《落荒而逃的‘鲁莽者查理’》 1894-5

查理的将领们也都极力劝阻他不要冒进，等到来年春天暖和些再进攻也不迟。

但你知道的，那些要与自己命运相会的人，都是听不进去劝的。

查理无视谏言，就是要一意孤行。
犯了执拗的他，发誓一定要在这个冬天把南锡城拿下。

他认为现在天冷，对方不会有援军到来，正是进攻的好时机。

他不知道的是，死神早就借路易十一的手，给他做好了安排。

法国的路易十一，早在得知查理重组军队时，便悄悄派人送信去给瑞士的雇佣军——他决定自掏腰包让这群瑞士兵速去南锡城捣乱救援。

路易十一这人其实平时还挺小气的，但他非常懂得有些钱是省不得的。这次如果瑞士兵们赢了，他就赚了；就算输了，他也顶多是损失些钱财而已。钱嘛，总是可以再赚的。只要能给死敌添添堵，那这钱就没白花。

不过他也没有想到的是，这次他的钱是花得如此的值。

两军刚开战没多久，瑞士的援军便赶到了。

这帮雇佣兵们打得是相当的卖力，分外的勇猛。
非常有职业操守的他们，很快就帮守城的洛林军扭转了局势。

就这样，在瑞士兵与洛林军的夹攻屠宰下，横行了半世的勃艮第军，覆灭了。

赤色一望无边，南锡城外尸横遍野，遍地都是鲜红的雪。

将领与士兵，无人生还。勇猛的查理也没能幸免。

临死前，知道了路易十一乃是背后推手的他，仰天长叹，

“我竟是和一只无所不在的大蜘蛛在做斗争！”

权势滔天的勃艮第公爵，查理·瓦卢瓦就这样倒下了。
他倒下时，脖子上仍然挂着那颗黄色的钻石。

逝者已矣，但活人却还都得继续算计。

查理突然薨去的消息，有如平地一声雷，炸翻了整个欧洲。

要知他生前只留下了一女，并没有任何男性继承人。
从此往后，这辽阔的勃艮第公国将都是这一女的嫁妆。

虽然她最终只能嫁一人，但那些娶不了她的人，也并不准备就此放弃。#反正他们觉得他们也得分一杯羹#

一下子狼烟四起，各地君主都开始对勃艮第虎视眈眈了起来。

一代奸雄路易十一更是丝毫没有在客气。

艾德蒙·德·布索尔《勃艮第公爵，「鲁莽者查理」》1858

在确认了查理的死讯后，他第一时间便调兵遣将，着手吞并起查理的封地。就此，偌大又富饶的勃艮第开始崩裂。

你问，查理呢?

他的生前有多风光，死后就有多凄凉。

因战场上尸体叠落，查理的尸首并没有在第一时间内被找到。最后还是官方悬赏，才在许多天后，从附近的臭水沟中找到了他的遗体。

打捞出来时，这位曾经高高在上、无人敢冒犯的勃艮第公爵，如今浑身上下都被盗尸人给扒得精光。他就一直这样赤身裸体地被泡在了冰水里。

那些为他收尸的人说，死相颇惨的查理，头颅被斧枪砍出了许多条裂缝，身上至少还有两柄长矛横插过他的腹部和中腰。那被敌军砍得面目全非的身体，更是被附近的野狗啃食得没有一块完肤。

享年43岁的查理·瓦卢瓦，
就这样既无尊严，又无体面地离开了世间。

他留下了一个举目无亲的孤女，一个还没来得及相处的妻子，以及一片硝烟四起的山河[5]。他死时身边四面楚歌，没有任何他爱或爱他的人在身边。

5 他没有任何男性继承人，只留下一女名玛丽，人称‘有钱的玛丽’。她的事迹将在下册《璀璨的哀愁》中叙述。

只有那颗黄钻，仍然冰冷地挂在他的胸前。

然而，就连它，也薄情得很快就不见了踪影。

努维尔 《查理·瓦卢瓦之死》 版画1871

只有血雨伴此生

人们说，眼界即人生，此言一点不虚。

这枚硕大的黄钻，原来是被一名幸运又倒霉的农夫捡了去。

幸运的是，这么一颗稀世珍宝就砸进了他的怀里；
倒霉的是，他竟然完全没有看出它的价值。

以为这只是块黄色玻璃的他，只要价了两个金币，就给转手卖了出去。其实也怨不得他，当时连各地大贵族们，都很少有人见过黄色的钻石，更何况他一介农夫了。

这颗宝石便借着他的手，就此开启了一场漫长的旅行。

可能是查理的怨气太重，也可能珠宝真的就是佩戴者灵魂的延伸。

这颗黄钻也沾染上了查理的血腥脾气。它似乎总是能想方设法落到那些征战者们的手里，并给他们带来各式各样的厄运。

农夫先是卖给了一个瑞士人，瑞士人又卖给了热内亚人，热内亚人看出了此乃连城之物，很快就献给了米兰公爵——卢多维科·斯福扎。

乔瓦尼·安博瑞哥·德·普瑞迪斯 《卢多维科·斯福扎肖像》 1508前

佚名大师 《卢多维科·斯福扎与妻子碧雅翠斯·德·埃斯特》 1495

卢多维科绰号‘黑公爵’，是文艺复兴著名的阴毒领主。

坊间曾有传闻，他为了篡取米兰公爵之位，残忍地把自己年仅7岁的侄儿给囚禁到了水牢里。

他在艺术史上虽以达·芬奇的供养人而闻名于世，但在欧洲史上这位却是以开启‘意大利之战’而留名千古的。

人们都说，卢多维科·斯福扎为了一己私欲，引狼入室，把法国军队引进了意大利半岛。可想而知，这颗黄钻在这样一个人物的手里，也没少经历腥风血雨。

然而，也与查理一样，就在卢多维科最志得意满之际，他的运气也急速下滑。

之前还一直胜多败少的他，在1500年竟被法军彻底击溃。不仅战败，他还被法国国王的心腹，乔治·昂不瓦斯主教给一举擒住[6]。

好似诅咒，也好似因果轮回。

和侄儿一样，卢多维科也在阴冷的地牢中度过了余生。从此再没见过太阳。

6 乔治·昂不瓦斯的侄子便是本书第六章：时间的蝴蝶中的故事主角。

入了监牢后的卢多维科自然不能再是这颗黄钻的拥有者。

它辗转落入了文艺复兴大富商，雅各布·福格尔的手中。

雅各布是个能人。

美第奇家族自混上了贵族圈后，便退步抽身从江湖中跳了出来。福格尔便趁此机会带领家族上位，点石成金地把手里那普通的奥斯堡地方企业，变成了一个横跨欧洲的商业帝国。

雅各布不仅接手了许多美第奇家族的产业，还慢慢取代了他们，成为了教会与王室君主们的御用银行。

其中，文艺复兴教皇，尤里乌斯二世，便是雅各布的客户。

梵蒂冈传承至今的瑞士近卫队，就是当初雅各布出钱给尤里乌斯雇来的。也是这段时间，我们的黄钻从雅各布的手里，转到了尤里乌斯二世的头上。

据小道消息描述，在得到这枚旷世大宝石后，
尤里乌斯二世教皇迫不及待地就把它镶在了自己的三重圣冠上。

此时距离查理·瓦卢瓦的薨逝，已经过去了26年。

但尤里乌斯还记得这颗钻石。

他年轻时曾出使过查理公爵的宫廷，与这枚钻石有过一面之缘。

左：荷瑞斯·维内特 《尤里乌斯二世向布拉曼特、米开朗琪罗与拉斐尔下令重建圣彼得》 1827
右：丢勒 《雅各布·福格尔肖像》 1518-9

那时的他，只不过是花团锦簇的勃艮第宫廷中不起眼的一名小小来使。谁能想到，当初那枚曾别在那位尊贵公爵胸前的宝贝，如今到了他的手中呢。

这位尤里乌斯二世在艺术史上一直是一位绕不过去的人物。

正是在他的督促中，米开朗琪罗画出了《西斯廷天顶》，也是靠着他的出资，拉斐尔才完成了梵蒂冈的系列壁画[7]。

老旧的圣彼得在他的圣座下，终于被拆除，布拉曼特等人梦想中的完美大教堂，也就此开始崛起。他就像是阿特拉斯一般，为众天才撑起了一片天。

梵蒂冈因他而辉煌。

7 拉斐尔为梵蒂冈画的壁画中，最著名的便是《雅典学院》。

拉斐尔曾给这位历史上的巨人画过一幅肖像。

画中的老者，眼神哀戚，嘴唇深抿，身躯佝偻的他，眉宇间似有说不完的风雨忧愁。一切都让人在心生崇敬的同时，也心生怜悯。

但事实上呢？尤里乌斯完全不是这么一个人。
他性子暴烈，行为粗鲁，还经常爱讲些黄色笑话。

不要看他在拉斐尔的画里，似乎是个柔弱又细腻的无助老者；但人家自年轻起，便是文艺复兴出了名的铁血战士。

尤里乌斯二世的威名，就算没到天下无敌的地步，也绝对可以轻易地恐吓四方了。人们称他为‘武士教皇’*The Warrior Pope*。

据说这位教皇，在还做红衣主教时就特别能打。

他的死敌，波吉亚教皇，曾想在临死前为儿子清路。他给死士们下达过密令，务必把那些反对自己家族的红衣主教们统统给杀掉[8]！

名单上的前几名人物，刺杀得都很顺利。
先后至少有三位红衣主教都中了招。

然而，到了尤里乌斯这里，就都卡壳了。

8 尤里乌斯二世一登基，就把波吉亚教皇的儿子，切萨雷·波吉亚给扔出了梵蒂冈。

拉斐尔 《尤里乌斯二世》 c.1512

拉斐尔德·堂克瑞迪
《被尤里乌斯二世征服的米兰多拉城》
1890

波吉亚先后派去了好几拨人马，竟然全部都被尤里乌斯打的铩羽而归。对此，刺客们深表羞愧。但他们也说，自己就是打不过这位红衣主教。此乃 Mission Impossible!

他尤里乌斯就这样一人杀十士地撑到了波吉亚教皇的驾崩，并在3个月后，顺利登基梵蒂冈。

可想而知，彪悍的尤里乌斯在戴上教皇的帽子后，更是无拘无束地到处南征北战，出入沙场。

他戴盔甲、骑战马，亲自领军出战，横扫了半个意大利。

他的圣军更是‘意大利之战’中的重要势力之一。
为了鼓舞他的战士们，他还承诺保佑他们不管做什么都不下地狱。

并且宣布：敌对势力统统都会下地狱!

全欧洲人都被这位斗志昂扬的教皇给惊呆了。

上：奥托贝勒·米隆内《波吉亚教皇之子，切萨雷·波吉亚》1500-24

下：克里斯托法诺·德拉·提西莫《波吉亚教皇肖像》16世纪

教皇有过这么多，但这种喊打喊杀到诅咒别人下地狱的也是没见过。毕竟，作为‘天主’在地球上的第一代表人，这实在是不太符合‘神爱众人’的美好形象。

文艺复兴著名的人文学家伊拉斯谟，就写过一个小册子叫《为啥尤里乌斯进不了天堂》来讽刺这位天天嚷嚷着要打仗的教皇。

很显然，黄钻又一次找到了一位适合它的主人。

它于1508年到达了尤里乌斯手里。
尤里乌斯主导的康不雷大战也在1508年随之开启。

然而，和它的前两任主人一样，尤里乌斯二世也注定是要含恨而终的。

其实，尤里乌斯虽也爱四处征战，但在本质上，他与查理和卢多维科是不一样的。

他不是一个嗜血的人。他只不过是有野望。

尤里乌斯做梦都想一统意大利的江山，让这个一直处于四分五裂状态的半岛，重拾古罗马时代的辉煌。

这也是为什么他登基后，名号选的是‘尤里乌斯’[9]。

9 教皇们登基后，便会弃用自家的俗名，并选一个新的名字来做自己的圣号。尤里乌斯二世的俗世名称便是‘朱利安诺·德拉·罗威尔’。

他要做的正是教皇中的大帝，梵蒂冈的恺撒[10]！

可惜，1511年在博洛尼亚的那场大败，让他永远失去了称霸意大利的可能。那次，他虽然从虎口脱险，没有被法军逮住，但精神却再不复从前。

如今已经年近70岁的他，身体每况愈下。

尤里乌斯知道，自己已经没有时间去做那些要做的事了。越曾是英雄盖世的人，就越难以下咽自己再无用武之地的苦楚。

这场大败，对尤里乌斯打击甚大。他开始蓄起胡子，不再剃面发，以此来哀悼博洛尼亚的失陷[11]。也是，对自己梦想破碎的一场祭奠。

就是在这时，拉斐尔画下了那幅尤里乌斯二世的传世肖像。

但他画的不是教皇，而是所有英雄垂暮后的模样。

曾经无限阳刚，如今只剩下时日无多的彷徨。

一年后，曾威名吓四方的尤里乌斯二世，崩。

10 恺撒大帝的名字便是‘尤里乌斯’。

11 在尤里乌斯二世之前，教皇们都保持着一种面白无须的形象。

有些诅咒迅猛如雷霆，有些则如细雨中的砒霜，延缓又绵长。

在尤里乌斯驾崩后，这颗黄钻便传到了他的子侄手中，一直在罗威尔家族中打转。与此同时，一直人丁兴旺的罗威尔家族，突然开始遭遇各种离奇的不幸。

不出三代，这个曾经钟鸣鼎食的家族，便因无嗣而绝后了。

罗威尔族最后的女继承人维多瑞亚，就这样带着这颗黄钻，一起嫁进了佛罗伦萨的美第奇家[12]。

然后，同样的诅咒，又一次开始浮现。

曾被其他贵族笑话因为血统低贱，所以生孩子如生耗子似的美第奇家族，竟也在短短三代内死绝。

在最后一位美第奇血脉，安娜-玛利亚-路易莎·德·美第奇过世后，黄钻便随着佛罗伦萨城，进入到了哈布斯堡王族的手里[13]。

可能是哈布斯堡的神圣罗马女皇乃是‘鲁莽者查理’的嫡系后裔，也可能他们知道自己祖先的诅咒，因此很少碰它。总之，黄钻在哈布斯堡王族的看顾下，进入了一段蛰伏期[14]。

12 这是这颗黄钻也会被叫做‘佛罗伦萨人’的原因。

13 因为美第奇绝嗣，欧洲各国君主们选出了原洛林公爵，现神圣罗马皇夫，弗朗茨一世作为佛罗伦萨大公爵。

14 玛丽亚-特雷茜亚女皇的太玄祖父‘美人儿菲利普’是查理唯一女儿‘有钱的玛丽’的儿子。

上：马汀·凡·梅滕《奥地利的玛利亚·特雷莎，哈布斯堡神圣罗马女皇》1759

下：马里奥·巴拉西《装扮成圣凯瑟琳的维多瑞亚·罗威尔》c.1637

左：菲利普·代·拉斯洛 《茜茜公主，奥匈帝国皇后》 1899
右：菲利普·代·拉斯洛 《弗朗茨-约瑟夫一世，奥匈帝国皇帝》 1899
这对肖像是弗朗茨在茜茜公主过世后向拉斯洛定制的夫妻画像。

这之后，虽然哈布斯堡的君主们也仍是出兵不断，但总的来说并没有哪一位君主真的因征战而死于非命。

一切，直到弗朗茨-约瑟夫的登基，才再次迎来了改变。

人人都知道，哈布斯堡家族的弗朗茨-约瑟夫一世，奥匈帝国的皇帝，极度迷恋自己的妻子茜茜公主。

为了让她爱上自己，弗朗茨做过很多努力。

当中之一，便是不顾廷臣们的劝阻，把这颗璀璨的黄钻从展柜中取了出来，做成项链送给了茜茜。在这之前，因为哈布斯堡一族没人肯佩戴，黄钻一直都被放在了供大众观看的展示柜里。

可能真的是黄钻的诅咒，也可能爱情本身就是一场厄运。

弗朗茨与茜茜公主的婚姻极端的折磨，也极端的不幸。
一个思而不慕，一个求而不得。这对至尊夫妻一生苦痛多过欢欣。

同罗威尔与美第奇家族一样，弗朗茨与茜茜公主也子嗣艰难。唯一养大成人的鲁道夫皇太子，更是在30岁时死于一场神秘的殉情。迄今也没人知道到底发生了什么。

都说“福无双至，祸不单行”，弗朗茨此生就是这句话的证明。

没过几年，他心爱的茜茜公主也死于一场刺杀之中。

而就在弗朗茨经历了丧子与丧妻之痛后，他的侄子——他的下一位顺位继承人——斐迪南大公也被塞尔维亚人给暗杀了。

庞大的奥匈帝国又一次陷入传承的危机。
一时暗潮汹涌，风声鹤唳。

这番血的挑衅，自然要得到血的惩罚。
只不过这一次，弗朗茨把整个欧洲都给带进了这场血雨里。

1914年7月28日，弗朗茨正式向塞尔维亚王国宣战。

第一次世界大战就此打响。

这场灾难之浩大，血雨之滂沱，史无前例。一共有1700多万个灵魂殒灭在了此役当中。伤者更是高达2000多万人。

弗朗茨的侄孙查理，曾欲图阴止这场战争。然螳臂岂能挡车?

他自己也在登基不到两年，便被逼宣布退位。

这位哈布斯堡最后的君主，带着妻子家人与王室珠宝，一起逃到了瑞士。

那颗滴着鲜血的黄钻，也在其中。

不过可能是黄钻与哈布斯堡的缘分已尽，也可能是时运不济的人本就做不得任何珍宝的主人。在查理抵达瑞士后不久，它便不翼而飞了。

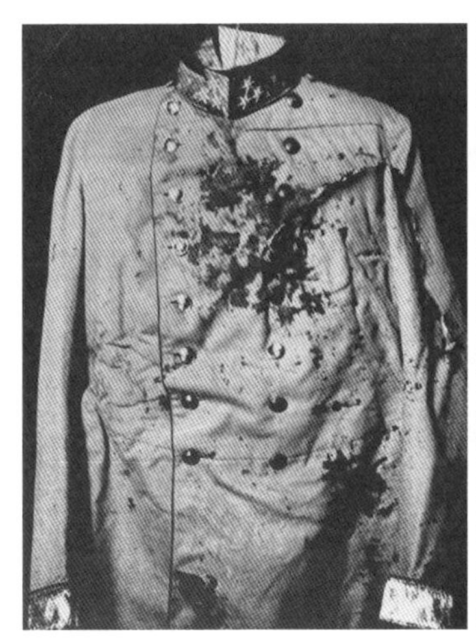

右：威廉姆·维塔 《斐迪南大公爵肖像》 1914前
左：斐迪南大公遇刺后的血衣，1914

有人说是被查理的亲近友人偷去的，
有人说是备受王室信任的仆人给盗走了的。

人们众说纷纭，但没有人知道真相为何。

这枚曾掀起过无数血海腥风的黄钻，就这么的消失了。

它因好斗的查理缘起，又因和平的查理湮灭。

这之后虽也有过风言片语，说它在二战时，曾在希特勒的手中再次浮现。但因为并没有任何照片留存于世，便也被众人视之为蜚语流言。

左：弗朗茨-约瑟夫的侄孙查理一世，最后一任奥匈帝国皇帝，20世纪初
右：‘征战者黄钻’后世复制品

再也没有人见到过这颗黄钻。

它的璀璨，它的任性，
它的肆意妄为，它的夺目耀眼，
从此都将是过去的事了。

它是噩梦，也是传奇。

世间没有哪颗宝石，能再对征战者们有如此大的吸引力。

不过有些宝石，就像有些人一样，终归还是沉寂下去的好。

第八章：

伊卡洛斯的项链

说那雾中有烟霞，镜中有荣花，
到头来不过都是掌中月，漏中沙。

经验告诉我们，二百五的朋友，一般也都是个二百五[1]。

汤玛索·坡提纳里就是这样一个例子。

作为勃艮第最后一任公爵‘鲁莽者查理’的知心“好友”，汤玛索无疑也不是个省油的灯[2]。

他本来是美第奇银行派驻勃艮第地区分行的行长，所以事实上是个意大利人。而出身佛罗伦萨的他，来自一个历史悠久的商人家族。

但丁诗歌中那位永恒的爱人——贝缇丽彩·坡提纳里——便是与他同出一支的姑婆。

这个家族，在贝缇丽彩父亲，坲寇这代算是名声最旺的时候。佛罗伦萨屹立至今的古老医院——新圣母大院，便是汤玛索这位祖先出钱建立的。

坡提纳里这个姓氏在坲寇的带领下，地位节节攀升，很快就搬到了但丁这种贵族家庭聚集的地方居住。也是这个时候，年仅9岁的但丁在一次聚会上，认识了贝缇丽彩这位他一生的缪斯。

这么看来，坲寇·坡提纳里也算是间接成就了人类历史上，继荷马与维吉尔后，最伟大的诗人了。

1
另一个‘二百五’的故事请看本书【第七章：征战者的工黄钻】。

2
严格来讲，‘鲁莽者查理’之后还有勃艮第公爵，但这些人用的只能算是一个敬称，真正的封地已经被路易十一给收回了。

但丁·加百利·罗塞蒂 《但丁与贝缇丽彩·坡提纳里》 1859-63

不过在这之后，坡提纳里们就和人类历史的发展没有什么太大关系了。

整个家族就此走起了下坡路。

显然，后代中没人继承了坲寇赚钱的本事。

再后来，这个家族虽然不算没落，在佛罗伦萨也仍持有一些体面和地位，但子孙们也都渐渐退居到了二线。

等到了汤玛索出生的时候，佛罗伦萨早已变成了美第奇家的天下。

作为佛罗伦萨的领头羊，美第奇们可以说是控制了这个城市的整个命脉。没有其他家族再能与其争锋。

差不多整个佛罗伦萨都是给美第奇打工的。

而汤玛索的父亲也正是美第奇雇佣的芸芸商人之一。

不过我们公正地说，汤玛索的父亲确是位能耐人儿。

在竞争如此激烈的环境下，他在生前仍然成功挤掉众多青年才俊，一跃成为美第奇掌门人——老柯西莫·德·美第奇的心腹左右手。

他深受老柯西莫的信任。他也的确当得起这份信任。

毕竟能做到老大的左右手，光有忠心是不够的，你还得有业务能力才行。而这位的能力是毋庸置疑的。美第奇在勃艮第地区的布鲁日分行，正是他一手建立起来的。

在私交上他也与老柯西莫甚好。
两人与其说是上下属，不如说是多年的异姓兄弟。

可惜这位能干的父亲，是个有运无命的。妻子早早亡故了的他，自己也不到中年便撒手人寰了。就这样留下了汤玛索兄弟三人，孤身在这狗咬狗的花花世界中。

事实上证明，老柯西莫是个惦念旧情的。

他在老兄弟死后，就把他家的三个孩子收养到了家里，让他们与自己的儿子们一起生活。

所以说起来，汤玛索·坡提纳里算是美第奇家的半个少爷。

老柯西莫自然也不是那吝啬人。自己儿子有的，波提纳里兄弟仨也一样儿都不缺。他是真把三个孩子当成了自己孩子在养，完全没有在藏私的。

因此，这三兄弟虽然早早没了爹娘，却也是从小绫罗绸缎穿衣，名师教导着学习，没有像其他孤儿那样，小小年纪便在家族中寄人篱下，辗转流离。乍一看那周身派头，也都是个个高视阔步、眉飞色舞，与那正经富贵人家子弟无异。

可你知道的，这种收养进来的少爷地位最是尴尬。

你住的是雕梁画栋，吃的是山珍海味，穿的是锦衣华服，所有的荣华富贵你都看得见、摸得着。可事实上呢，没有一样儿真正是你的。

老柯西莫自然待你是一视同仁，但下人们怎么看你就不好说了。
毕竟看人下菜碟这种事儿原本也都是不需要人教的。

同样眼神儿不对的还有各家往来的世族子弟们。

公子哥儿们说起话来更是嘴上没把门的。

少年人聚集在一起本来就容易多口角。
美第奇家正经少爷们说不得，难道你一个寄居少爷还说不得吗？

人啊，就是这样，那些幼年时的经历，当时看来也许根本不值得一提，在年长后回头望去才发现，自己这么多年竟然仍铭记于心。

本诺佐·勾扎里 《三博士的队伍》壁画 1459–1464

画中人物皆是美第奇家族与随扈的肖像，其衣饰风格取自当时的文艺复兴潮流。

许多年后，汤玛索回忆往昔，自己心里那把火就是在这个时候烧起来的。只不过那时的他还不懂，决定一个人命运的往往不是环境，而是自身的心性。

这点没谁能比老柯西莫更清楚。

他算是看着这三兄弟长大的，也看着他们在相同的环境中，长成了三个截然不同的年轻人。

是呀，柯西莫什么不明白。
什么人是什么货色能干出什么事儿，他一清二楚。

这种大教父，见惯了风雨，都乃识人一流的好手，更何况这三个长在他膝下的孩子了。

他知道老大皮加罗，会办事、懂变通，难得为人机敏的同时，还老成持重。是个能成大事的人。

老柯西莫把美第奇银行在米兰的分支交给了大哥打理。

果然不出所料，大哥在当地贵族圈中很快就站稳了脚。
米兰分行也在他的管理下，成为美第奇产业中一个高利润据点。

至于坡提纳里家的老三，阿彻瑞托，那是个没主见，却也没坏心眼的孩子。可能因为是家中老幺，长兄如父，从小由大哥照顾，长大后也习惯唯大哥是从。柯西莫便叫皮加罗去米兰时，把这个弟弟带上，一起过去做个帮手。

只有这老二，汤玛索，是个问题。

你说他笨吧，那绝对不。

相反，汤玛索还能说会道，饱读诗书。一看就是个伶俐人儿。但老柯西莫知道，有一种人吧，他看上去聪明绝顶，事实上却是傻精傻精。

老二汤玛索就是这么个人。

沽名钓誉，眼高手低，
风花雪月一肚子，真正该懂的道理一点儿不通。

关键是，他还觉得自己特能干，特精明。
给他个杠杆儿，他能把地球给你撬了。

老柯西莫早就看出来了，这就是个能不够的。

他自然是没有看错的，是个人都能看出来汤玛索的野心勃勃。
这位恨不得连毛孔都在尖叫着“我要做出一番大事业来！”。

其实吧，越是知道自己笨的人越不容易犯错。反而是这种自诩聪明的人最可怕。他们就像颗定时炸弹，一旦犯错，就一定是大错。麻烦的是，你还和他们说不通。

既然说不通，那就只能不说。

柯西莫到后来也懒着费口舌，直接就向美第奇各地高层们下达硬性指令：不要让汤玛索·坡提纳里碰触任何重要的交易和事务。

老柯西莫这么做，也有想慢慢培养汤玛索的意思。想着让他先接触一些小事情，多碰碰壁，没准儿这性子就渐渐扳过来了。

毕竟是自己看着长大的晚辈，若是真能成才，也是好事儿。

但汤玛索不甘心啊。

他早已认准了自己是个做大事的人，又怎么能看得上那些小作坊小买卖呢。他完全不明白一个人如果小事做得好，那他做什么都做得好。

因为天下的事情从来只分条理，不分大小。

可汤玛索就是参不透这个道理。

老柯西莫越是压着他，他心里那股要出人头地的火就烧得越旺。他上蹿下跳，到处蹦跶，根本不顾老柯西莫的禁令，找各种机会想做一票大的[3]。

搞得最后柯西莫拿他没辙，干脆眼不见心不烦，把他打发出了意大利，让他前往美第奇在布鲁日的分行待着去——那边有汤玛索的族叔在，让他们自己管教吧。

3 笔者认为，那些说“来啊，让我们一起来做一票大的！”的人，不是骗子，就是傻×。

只不过向来为人谨慎的他，还是给布鲁日那边的总管发了一条密令，内容就一条：

【不许给汤玛索升职。】

汤玛索就这么去了。

这一待，就待了25年。当中果然没有升过一次职。

但这不是说，汤玛索就没有试过。
这25年他在布鲁日那边可是没少折腾。

那时的布鲁日属于勃艮第公爵菲利普的领地，城内就设有一处菲利普的常驻宫廷。作为西方最不缺钱的公爵，菲利普那是花钱如流水，尤其好买各种奢华物件。在他的宫廷中，各国商人们也都算是熟门熟路。

当然了，不可能是个商人就能到得了菲利普的面前。

那些能迈进公爵府大门的，就算不是一方鸿商，也得是一地富贾，如果这两者你都不是，那你最次也得手里有点什么异域来的宝贝才行吧。

很明显，汤玛索哪个边儿也沾不上。

他也没那能耐能弄到什么连勃艮第公爵都没见过的奇珍异宝。因此哪怕汤玛索托过几次关系，削尖脑袋地往勃艮第宫廷里钻，他仍然没有能成功地混进去。

这都不需要公爵府的人出面，有的是同行做拦路虎。毕竟这再大的庙也怕僧多。

那段时间，那些人难听的话是一箩筐一箩筐地往外扔啊。

这个问，你是哪个牌面上的人物啊？什么？美第奇家的半个少爷？美第奇的正经少爷来也指不定没地儿站，你说你这半个少爷还老往公爵面前挤什么挤?

那个说，公爵可是法国国王之曾孙，正经的王室血脉，是能与诸国君主们同坐一席的天家贵胄，你一小小外乡商人之养子，竟也好意思递名帖[4]？莫不是想往上爬想疯了吧。

汤玛索可不就是想疯了么。

这25年他在布鲁日待的那叫一个憋屈。他觉得自己怀才不遇，觉得自己明珠暗投，觉得自己实在是太委屈。

这25年来他想了很多很多很多。

可他就是没有停下来好好想过，为什么老柯西莫总是压着他不放。要知道，他哥皮加罗在还不到30岁时就已经是米兰那边的总舵主了。而他都已经40岁了，却仍然还是个小职员。

4
勃艮第公爵‘善人菲利普’的曾祖父乃是中世纪法国国王，约翰二世（1319-1364）。

左：汤玛索大哥皮加罗在米兰建造的‘坡提纳里礼拜堂’，版画，1894
右：本内多特·布波 《跪在殉难者彼得面前的银行家皮加罗·坡提纳里》 c.1460
这幅画就放在左图的坡提纳里礼拜堂中。

难道柯西莫跟他有仇？难道柯西莫就是看他不顺眼？难道他和他哥不是一个爸生的？难道柯西莫就是闲着没事儿跟他较劲玩儿？

自然，以上都不是——答案就一个：他就不是那块做生意的料。

当然了，汤玛索肯定不这么认为。他就是认为老柯西莫偏心。

但无论他是怨也好，怒也好，叹也好，
直到柯西莫去世，汤玛索都没有能改变这位养父的想法。

然而，这世间的运气就是个转轮。你三十年河东，我三十年河西。

1464年，在一个流火般的盛夏，老柯西莫·德·美第奇，薨。

佛罗伦萨政府授予他谥号“*Pater Patriae*”——父国之父，死后极尽哀荣[5]。

但你懂的，死人是可以安息了，
活着的人却还得继续蹦跶。

柯西莫的过世在欧洲的金融圈引起了很大的震荡。有人急忙抛售股份，有人则急忙收购，临界领主们坐壁观望，敌对家族们蠢蠢欲动。一时间群魔乱舞，好不热闹。

但对汤玛索来说，这些统统不重要。

重要的是，老柯西莫的死，终于让他身上的禁令被解除了。接替老柯西莫上位的是他的大儿子，皮耶罗·德·美第奇，人称‘痛风的皮耶罗’。

听绰号就能听出，这位继承人不是个精力充沛的。

汤玛索的这位义兄皮耶罗，一生下来身子骨就不大好，常常卧床不起。但这也养成了他相对温和的性子。这些小小年纪便知道苦痛的人，往往对世界反而会多些宽容。

幼年起便熟读古希腊与古罗马史书的皮耶罗，说来对经商与政治都不怎么在行。和自己父亲那位天生的政客相比，他更像是一位人文学者。

5
那时意大利各省份地区独立为政，自成一方诸侯国，其状况类似我国春秋战国时期。

蓬托尔莫 《老柯西莫·德·美第奇》 c.1518-20

左：布隆基诺 《‘痛风的皮耶罗’肖像》 c.1550-70
右：米诺·达·费所里 《乔瓦尼·美第奇，皮耶罗的弟弟》 16世纪

事实上，他那身体健康且精力旺盛的弟弟才是老柯西莫当初首选的接班人。奈何世事难料，生龙活虎的弟弟比老父早逝，病病殃殃的哥哥却熬了过来。

为了不让美第奇家族被敌族吞噬，皮耶罗只能赶鸭子上架。
他是边走马上任，边摸石头过河。那些年，想坑他的人不要太多。

因此，当汤玛索来见这位义兄，声情并茂地求升职时，皮耶罗也没多想，稀里糊涂就同意了。他不仅把美第奇在布鲁日的银行交给了汤玛索打理，还让这位义弟也入了股份，成了股东。

他觉得和围绕在身边的那些豺狼秃鹫们相比，自己一起长大的兄弟总还是信得过的对吧。

啊，太naïve，sometimes too simple。

那时，这位佛罗伦萨刚出炉的新教父还不明白，‘忠心’和‘能力’那完全就是两码事儿。等他缓过闷儿来时，汤玛索这匹脱缰了的野马已经收不住了。

不过那是之后的事儿了。

现在这对义兄义弟，都还对汤玛索升迁分舵主这件事，充满了积极乐观的态度。就这样，在义兄的鼎力支持下，汤玛索·坡提纳里这个多年的小职员熬成了婆，终于可以开始做大事啦。

掌控了美第奇往来勃艮第所有银钱的他，那是迫不及待地要一展他的宏图。是时候让那些曾经看轻他的人们好好瞧瞧，他汤玛索真正的样子了！

人行大运时，总是那么容易就顾前不顾后。汤玛索更是此中翘楚。

他借贷放贷，买东买西。他今天买地建房，明天就买山挖矿，他买珠宝买船舰，买东方进的丝绸，买西方产的羊毛，买南方采的水果，买北方来的美人儿；他往来全是大买卖，过手就是一个亿。

嚯，那几年真是走路带风，意气飞扬啊。

汤玛索得意啊，他高兴啊，他拘不住地想笑啊。

以前那些他进不去的地方，现在大门都对他敞开了；
以前那些他高攀不上的人，也都对他面露笑容了。

其实这一切也无须太过稀奇，这世间的态度，本就是随着境遇而迁移。正如大文豪莎士比亚曾写过的那般：

失财势的伟人举目无亲，
走时运的穷酸仇敌奉迎。

何况汤玛索本来就是个能口吐莲花之人。
借着美第奇这股大风，一时间他在布鲁日混的是风生水起。

更加锦上添花的是，终于可以出入勃艮第宫廷的他，得到了刚刚上位的新任勃艮第公爵‘鲁莽者查理’的赏识。

这两人，一个曾被自己的养父压制，一个则被自己的生父冷落，此番会面，真乃相见恨晚，志同道合。

是的，这两个夸夸其谈的傻瓜经过这么多年可算是碰到一块儿去了。

旁人们都发觉，虽然查理公爵的性子乖戾，但汤玛索似乎就是能说到他的心坎儿里。俩人那热乎劲儿，千里马遇见伯乐都没他俩那样惺惺相惜。

查理甚至还钦点了汤玛索作为意大利商人的首席，加入进勃艮第迎娶英国白玫瑰公主的队伍里，并在自己一座难求的婚宴上给他留了位席。啊，多么大的殊荣啊。

汤玛索・坡提纳里那几年过得真叫一个顺心顺意。

现在的他，与人生巅峰的距离，就差一个白富美了。

是的，在那个平均寿命太短，以至于不论贫富贵贱，都人人早婚的年代，汤玛索就一直憋着不结婚。他就是倔强地要等自己出任了CEO，再去迎娶那白富美。#真的，笔者都快被他这份恒心给感动了#

而在等了将近30年后，终于让汤玛索等来了这激动人心的时刻。

佛罗伦萨另一个豪门世家，巴隆切里家族，决定把嫡系出身的小女儿，14岁的玛利亚·抹大拉娜嫁给他。

玛利亚这位白富美，也许不是实打实的貌美，却是十足真金的富贵。她带着数不过来的箱笼，浩浩荡荡地就嫁到了布鲁日。

汤玛索很是看重自己这位出身豪门的夫人。他在小妻子还没嫁进来之前，就心急火燎地找人打造了一件极尽精美的项链，准备作为新婚礼物送给玛利亚。

婚后，他还请来了当时勃艮第宫廷最时髦的肖像画家，汉斯·梅姆林，把二人的模样给画了下来。

不过这对‘夫妻肖像’，与其说是画人，不如说是在画项链。

画中，除了人脸与玛利亚的项链外，一切都是黑乎乎的。
黑乎乎的背景，黑乎乎的上衣，黑乎乎的帽子，暗红色的罩裙。

画中的所有细节都决定了，无论你的目光游走在画面的何处，最后都会不由自主地朝这条唯一亮眼的项链上跑去。

梅姆林为此甚至摒弃了自己的拿手好戏——山水背景。

不仅如此，他还按照汤玛索的吩咐，把玛利亚帽子上的珍珠绣纹给抹了去。生怕华丽的帽纹会分散观众们的注意力[6]。

为了衬托这条项链，汤玛索也是没少费劲。

其实这也不难理解。这就跟那些登上珠穆朗玛峰的人都要在上面插把大旗一个意思，汤玛索也在用这条项链向众人宣告：老子has finally made it!

说起来，汤玛索也的确可以很骄傲。

6
同样的项链和帽子上原本的珍珠花纹，可以在6年后雨果·凡·德·古斯为汤玛索画的《坡提纳里祭坛画》中看到，详情看后文。

这条项链虽不是连城之宝，倒也是个有市无价的好东西。以咱们现代人的眼光来看，它也许算不得什么，但在当时却是中世纪珠宝师们难得的炫技之物。

项链的主体是黄金。金丝拧成的细股，一环套一环，被匠人们巧手编成了一个双股连结扣。扣与扣之间，是一朵镂空玫瑰花。花朵以珍珠做瓣，珐琅着色，不同色彩的宝石做蕊：

红玫瑰的花蕊，是蓝宝石；白玫瑰的花蕊，是红宝

汉斯·梅姆林 《汤玛索·波提纳里与妻子玛利亚·抹大拉娜·巴隆切里的肖像》 c.1470

佚名 《约克族的玛格丽特·金雀花，勃艮第公爵夫人》 c.1468

石；而灰蓝色玫瑰的，选的则是一颗比周遭‘花瓣’要更大更圆润的波斯珍珠做蕊心。

作为点缀，项链上方是一圈被打磨成一致大小的黑玉珠子，下方则是由金丝与珐琅丝扭成泪珠形状的垂结。如果主人愿意，垂结上还可以进一步挂上坠饰。

这条做工精妙的项链，哪怕不是中世纪珠宝的登峰造极之作，也属于少见的上上之品。

在中世纪，因为切割技术的局限，相较于宝石，黄金更能受到珠宝师们的青睐。

它极好的延展性可以让他们尽情发挥自己的想象力，以及在别的材质上很难充分展现的精湛技艺。毕竟宝石不管什么颜色，样子也只能被切割成那几种，而黄金却可以满足他们五花八门的设计。

不过汤玛索给妻子定制的这件项链，倒是他亲自指定的样式。

它整体的形态——除了一些细节上为了避讳所做的调整——皆取自勃艮第新任公爵夫人，白玫瑰公主玛格丽特的那条婚庆项链。

有时也能理解为什么查理会如此待见汤玛索，像这种连结婚都不忘拍马屁的下属，谁能不喜欢?

当然，另一个原因就是，汤玛索把美第奇银行当成了查理的私人金库，任这位大手大脚的公爵予取予求。

美第奇一族自老柯西莫的父亲那辈起，便有一条非常严格的规定:

【永远不给各地掌权诸侯们贷款。】

佛罗伦萨总部也讲得很明白。别的方针高管们可以斟酌着来，只有这条务必要贯彻到底。美第奇祖上最早便是放高利贷出身的，所以他们深知‘欠债的都是大爷’这件事。你若是再把款借给那些天生就是大爷的群体，那这钱就百分百是肉包子打狗有去无还。

而那些掌控一地的大贵族们尤其难搞。

哪怕当初你们签好了合约，按下了欠条，他说不还你就不还你。你若催急了他，他一翻脸，说本地政策有变，叫你和你的银行明天就卷铺盖滚蛋，你说你又能怎么办?

所以最好一开始就不相借，如此便可不相欠。

是的，这世上真的再也没有什么比借钱给上位者这件事风险更高的了。多少中世纪的银行都是因为借钱给了君主们，死在了那前浪的沙滩上。

美第奇的亲家，巴蒂家族，当年就是给英国爱德华三世贷款了90万个金币——约2019年的10亿美金——才惨遭破产的。作为一国之王，爱德华三世就是理直气壮地一个子儿也不还。巴蒂家族又能怎么办呢？他们也没辙啊。弄得最后只能自己默默躲到墙根儿去吐血。

巴蒂银行的倒闭实在是太壮观，让美第奇们不引以为戒都不行。

可到了汤玛索这儿呢？

他早就把美第奇“不借款给诸侯”的祖训给抛到脑后去了。

那时的他，心里就一件事儿——让查理公爵高兴，让查理喜欢自己，继续做他的密友，保住宠臣的地位。毕竟钱是美第奇的，地位可是自己的呢。

汤玛索心中那把叫作‘名利’的火燃烧得太凶猛，让他早已丧失了理智。

到了查理穷兵黩武的人生后期，连他自己的政府都不愿再挪钱给他去打仗了。然而，汤玛索就是可以毫无忌惮地、不要抵押地、坚持不懈地给查理贷款。

难以想象吧，这世上竟然还有除了亲娘以外的人愿意给另一个人如此盲目地打钱。很显然，查理也觉得很意外，否则就不会那么感动了。

越往后，他便越把汤玛索当成了贴心贴肺的真知己。

在那个人人都来反对他的时候，只有汤玛索还肯不求回报地给自己放款。如果这还不是哥们儿，那什么是哥们儿？从此汤玛索就是他查理的亲兄弟！#Like a Brother from another mother！#

喔是的，赢得了查理‘友谊’的那几年，汤玛索的日子过得真是有滋有味。他一掷千金，挥钱如土，毕竟他现在可是能和勃艮第公爵说上话的大人物了，自然也要过上符合自己身份的上流生活。

他三天一大宴，五天一小宴，谈笑皆权贵，往来无白丁。那真真是高朋满座，车水马龙。带着他那大小姐出身的妻子，汤玛索就此在布鲁日过起了豪门人生。

连写《君主论》的马基亚维利都曾忍不住讽刺过他那嘚瑟样儿，说他“把自己当成了一位王子公孙，每天只会享乐，而不是做他应当做的——一个努力赚钱的商人”。

查理的宠信让汤玛索已经完全忘掉了，自己的本职工作乃是给美第奇家赚更多钱这件事。那时的他，满脑子就是维持自己‘上流社会’的高大形象。哪里还记得什么养父养兄美第奇。

他给妻子儿女买珠宝，给自己在运河旁造豪宅，他甚至效仿高官贵族们的行径，大肆掏钱做艺术家的供养人，定制各种昂贵无比的画作。

给他和玛利亚画过肖像的梅姆林，还给汤玛索画过两幅非常漂亮的宗教画——《耶稣受难记》和《最后的审判》。如果你仔细看，还可以在画中找到这对夫妻的模样。

汉斯·梅姆林 《耶稣受难记》 1470—1
画中左下角与右下角分别跪着汤玛索与妻子玛利亚·抹大拉娜。

他甚至请动了公爵查理最钟爱的御用画师——雨果·凡·德·古斯——来给他作画。而凡·德·古斯此生最具盛名的作品，便是以汤玛索为名的《坡提纳里三联祭坛画》。

这件高2.5米，长3米的大型作品后来被送回到佛罗伦萨时，引起了整个文艺复兴画坛的轰动。其人物表情之自然，色彩渐变之微妙，背景细节之精巧，让达·芬奇、米开朗琪罗、盖兰达奥等人都大开眼界。

《坡提纳里三联祭坛画》无疑是雨果·凡·德·古斯最辉煌的成就。不过在汤玛索看来，这也是他的成就。

画的主题虽然是耶稣降临，但两侧跪着的可是他的妻子儿女。

是的，在圣母、圣子与诸天使的两旁，汤玛索与身穿华服——且依然佩戴着那条项链的——妻子一起带领着女儿和儿子，在各自主保圣人们的引荐下，‘见证了’耶稣的诞生。

汤玛索让凡·德·古斯把自己的荣耀、血脉与骄傲，统统都与这神圣的时刻放在了一起。这画里降临的何止是耶稣，还有他汤玛索憋了快40年的‘扬眉吐气’。

《坡提纳里三联祭坛画》完成在1475年左右。
那也是他行运的至高点。

有查理公爵罩着的这几年，日子不要太美妙。
汤玛索甚至觉得全天下的好运都靠到他这边来了。

顺遂的时光是翅膀，带他飞啊飞，
扶摇直上九千里，飞过高峰还有云。

他就像希腊神话中的伊卡洛斯，沉醉在飞翔与高空中，没有一刻细想过，带自己高飞的是别人的翅膀——如果太贪心，太阳随时可以焚烧掉这借来的力量。

都说以前人为鉴，可明自身，但人类应该是这世上最记吃不记打的动物。虽然已经在这世上活了有上千年，却依然有前仆后继的人们会不停地重蹈古人们的覆辙。

于是，也与伊卡洛斯一样，
汤玛索飞得越是高昂，跌得越是猝不及防。

1477年，凶星萨图尔驶入轨道。

连天上的星星似乎都在预兆这注定是让人寝食难安的一年。

刚刚开年不到5天，勃艮第公爵，查理·瓦卢瓦，便被报惨死在了南锡城下。

一时间地动山摇，查理的死讯如龙卷风一般，席卷了整个欧洲。

从上到下，人人都受到了影响。

然而，没人能比汤玛索·坡提纳里受到的打击更大。

雨果・凡・德・古斯 《坡提纳里三联祭坛画》 c.1475

尽管在内心深处，汤玛索也知道，自己的富贵无非是一座围绕着查理搭建的沙塔，经不起任何风吹雨打。可谁也没有预料到，狂风暴雨会来袭得如此之快。

查理公爵明明才刚过40岁，正值壮年，人生还有那么多日子在前方。怎么可以说没就没了呢?

汤玛索实在是对查理这条大腿太有信心，以至于完全没给自己留下过任何后路。于是，他的荣华，也随着查理的暴毙，以肉眼可见的速度，开始极速倒塌。而此时距离凡·德·古斯完成那幅《坡提纳里三联祭坛画》也才不到两年的时间。

首先，他当初借给查理的款项，全部都成了坏账。

虽然汤玛索后来有哄得佛罗伦萨总部松口，把自己贷款给查理这件事过了明路。但总部却也明文写着叫他不要出借超过6000金币的总额。

然而呢，光账目上记录下来的，汤玛索就借出了近30000金币。

其次，汤玛索之前大手大脚购买的货物，许多都还压在仓中没有变现。如今勃艮第政局突变，人人抛售，物价暴跌，这些货物也全部砸在了汤玛索的手中。

不仅如此，随着查理·瓦卢瓦的倒下，汤玛索的名望也大不如前。

那些他出贷给其他人，曾信心十足会收回来的欠款，现在也开始变着法地赖账。

汉斯·梅姆林 《最后的审判》 c.1466-73

雪上加霜的是，他当初充大头买的货船，在经过波罗的海海域时，被汉萨联盟的人给劫了。不仅货物全部被吞，连船都被人家给拉走了。

更倒霉的是，这批货中还有不少汤玛索的私产，其中便包括一件无价之宝——梅姆林给他画的那幅《最后的审判》。

唉，运气这小妖精就是这般薄情。
来时也许倩影姗姗，走时却永远风卷残云一般，
带着她曾经的馈赠一起离开。

也不过是一个呼吸的起伏，汤玛索便从云端跌落到了深谷。

鲁本斯 《‘壮丽的洛伦佐’》 1612-6

更可怕的是，这个谷底它还没有到尽头。

汤玛索还没来得及喘息，佛罗伦萨总部那边就派了审计过来；他们要求汤玛索即刻上交布鲁日分行的所有账本供他们点账。

这群人来得比他预计的要早好多，他根本没来得及把账目做平。

最后清算下来，布鲁日分支在汤玛索的领导下，亏损高达70000金币，约2019年的1亿2000万美金。在这般令人咋舌的损失下，当初由汤玛索父亲开办的美第奇在布鲁日银行，终于宣布破产。

其实，所有大厦将倾前，都是有过预兆的。

汤玛索的义兄，那位‘痛风的皮耶罗’，在临死前有察觉到这位义弟乃是在用纸牌做屋。也曾半是命令、半是规劝地叫他趁形势还好时，赶紧把款都给收回来，并且卖掉那两艘华而不实的舰船。

可是汤玛索是位连老柯西莫的话都能阳奉阴违的人，又怎么会把这位温柔义兄的劝告放到心上?

不过，他应当没有何时比此刻更加怀念这位义兄的了。

因为事实上证明，义兄的接班人，汤玛索的义侄——‘壮丽的洛伦佐’——可不是那么好说话的人。

和性情宽和的父亲不一样，洛伦佐是个睚眦必报的狠角色。

颇有其祖之风的他，是位哪怕敌人都逃到了土耳其，仍能坚持不懈地派人追杀，最后成功把对方捉回来给吊死在了市政厅窗外的狼一般的男子。

可想而知，这样一位男子，是不准备让任何人从他身上占便宜的。

当他得知布鲁日亏空如此之庞大时，不仅震怒不已，还明确表示，这个债他是不会就这么咽下去的！他叫汤玛索，不管何年何月，用何手段，务必把这份债给他偿还了。一日不还干净，一日他就不准回佛罗伦萨！

为了证实自己并非说说而已，他还把汤玛索留在佛罗伦萨的一位族弟，给关进了债务人监狱。并叫人传话给汤玛索，若敢在没偿还清债务前就回来的话，这便是他的下场。

汤玛索急啊。义兄也许会宽恕他，养父也许会纵容他，但他和这位便宜侄儿可没什么深厚感情啊。

也想赶紧把债还清的汤玛索，在得到消息后，就立即去勃艮第宫廷求助。可他几次求见，都没人理他。毕竟查理的妻子与女儿自己都在生死存亡之际，哪里有空接见他。

没办法，他只能转头去找那些故友和旧交，希望和大家合伙做生意，看能不能把钱给赚回来。可他发现，那些曾经与他把酒言欢的‘友人’们，那些曾对他推心置腹的‘至交’们，如今都对他避而不见不说，有的甚至还出声奚落他。

达·芬奇《被洛伦佐·美第奇吊死在佛罗伦萨市政厅外的反叛者波纳多·巴隆切里》画中人是汤玛索妻子的族兄 1479

汤玛索现在是真慌了。

时至今日他才发现，原来没了美第奇在他背后撑腰，他什么都不是。他没有富可敌国的财富，他也没有能日进斗金的才华，他甚至没有任何人格魅力让那些与他相识多年的人愿意在他落魄时帮他一把。

原来那过往的泼天富贵，
不过是用别人的金币点缀出来的大梦一场罢了。

而这场做了快半辈子的梦，终于醒了。

·

汤玛索在变卖了自己那些所剩无几的财产后，带着妻子儿女与一屁股的债，悄无声息地离开了布鲁日，这个他曾经叱咤风云的富贵场。

就像所有被运气放逐的人一样，汤玛索也开始四处游荡。

他换了一个又一个城市，想了一个又一个的名堂。

无数次，他都试图东山再起，如自己也做个银行，帮别人贷债或投资什么的。可谁又愿意把自己的钱交给一位因挥霍公款而被前东家解雇的人呢？

他也尝试着去联系勃艮第宫廷之后的掌权人，马克西米利安大公爵，看看是不是能把一些查理公爵的旧账拿回来。可惜，仍然效果甚微。

勃艮第那边最后也就封了他一个‘大使’的名号，以此来敷衍他了事。唉，谁能想到，那些曾经漫不经心散出去的钱财，再次收回会是这么的艰难。

叹那春花变秋叶，怜那皓月落冰霜。

人的境遇只会随着年龄的增长而更加艰难。

一年又一年，汤玛索就这样带着家人，从一个地方辗转流浪到下一个地方。他永远在试图寻找新的机遇去还清债款，却也永远在失望的边缘不停地徘徊。

终于，在他们抵达了罗马时，盘缠耗尽了。

汤玛索又一次拿出了那条曾经寄托了自己所有雄心壮志与美好愿望的缠金项链。

他看着那耀眼的黄金，璀璨的宝石，仍旧柔润的珍珠，似乎又看见了当年刚嫁过来时，妻子富丽又娇羞的模样，以及自己那不可一世的欣喜若狂。

现在想来，一切都恍若隔日，又恍若前生。

汤玛索把项链典当了出去。也典当了自己毕生所有的骄傲。

已经尝尽人间冷暖的他明白，
再可贵的回忆，都无法做填饱肚子的食粮。

1492年，壮丽的洛伦佐，薨。

趁着‘妖僧’萨伏纳洛拉作乱，汤玛索一家回到了佛罗伦萨。

但一个人若是没了锦衣华服便还乡，那么他会发现，有时故乡还比不上那他乡。而亲人的白眼与陌生人的白眼本质上的唯一区别，就是前者比后者更能戳肺戳心。

许是落叶归根，也许是真的再无他处可去。
汤玛索还是留在了这里。

如此，汤玛索·坡提纳里便在佛罗伦萨度过了人生的最后几年。

个中炎凉，只有他自己清楚。

现在，没有了美第奇，没有了勃艮第，也没有了坡提纳里，
只有一个叫汤玛索的老人，苟延残喘在这无常的世上；

连佛罗伦萨，都在萨伏纳洛拉的传道下，
变成了一个焚烧掉所有浮华，荒凉到荒唐的地方。

可能一个人若是无法活在自己想活的世界中，终究是活不长的。

返乡后没几年，汤玛索便因一场风寒病死了。

早已妻离子散的他，死在了祖先坲寇曾出钱捐造过的那座新圣母大院里。如今也只有这里，还惦念着他祖先曾经的恩德，肯收留这个潦倒落魄的灵魂。

路德维·冯·兰根曼忒

《呼吁众人在“名利篝火”中焚烧掉世间所有浮华的萨伏纳洛拉》 1879

谁能想到，这位曾经富贵如王孙，穿必绫罗，食必精脍，
骑骏马、造珠宝、收名画的豪门少爷，
这位曾见识过天下最繁华烟火的五陵纨绔，
死时却连一床破席都需要他人的怜悯施舍；

可叹他生在金玉场，逝却在陋堂。
那么的悄无声息，那么的孤寂又苍凉。

上册完

To Be Continued

渡 言

宝石因棱角而闪耀，人因多面而多姿。

当欲望与欲望碰撞，野心与野心相逢，每一个曾经在自己故事里的盖世英雄，都将在别人的故事里担任另一种角色。

他们有些是主角，有些是反派，有些是丑角，有些只是客串。

【珠宝传奇I·中世纪】的下册将会是一个长卷，上册中的所有人物都会以不同的形式再次登场。

与这本书‘一篇故事便是一件珠宝’的叙述方式有所不同，下册的一整卷都将围绕着一件传世珠宝展开。而此书中所有的未尽之意、未解之谜，都会在下册中有所了结。

那么敬请期待【珠宝传奇I·中世纪】之下：

《璀璨的哀愁》

我们下册中见。

－祺 IV

P.S：

书中所有标红的文字都是彩蛋。想挖彩蛋的同学，可以扫码上公众号【祺IV】，输入这些红色的关键词提取。如果想要更多彩蛋信息，也可以关注微博@祺IV。我会在上面不定期更新彩蛋关键词。

图书在版编目(CIP)数据

珠宝传奇Ⅰ：浮华与金戈（中世纪上）/祺Ⅳ著. —北京：中国青年出版社，2019.12（2024.2重印）
ISBN 978-7-5153-5771-3

Ⅰ.①珠…　Ⅱ.①祺…　Ⅲ.①宝石—历史—西方国家—中世纪
Ⅳ.①TS933.21-091

中国版本图书馆CIP数据核字（2019）第256344号

本版责任编辑：刘霜　罗静
原版责任编辑：李茹
书籍设计：黄煌

出版发行：中国青年出版社
社址：北京市东城区东四十二条21号
网址：www.cyp.com.cn
编辑中心：010-57350508
营销中心：010-57350370
印刷：北京富诚彩色印刷有限公司
经销：新华书店
规格：889 mm×1194 mm　1/32
印张：11.75
图字：286千字
版次：2020年1月北京第1版
印次：2024年2月北京第2次印刷
定价：88.00元

【封面画作来源于美国大都会美术馆《坡提纳里夫妻肖像》一画。】